EA 30/30

뷰티 일러스트레이션

BEAUTY ILLUSTRATION

메디시언

머리말

사람이 생각하고 예측한 것을 그림으로 그리기 위해서 가장 기초가 되는 드로잉은 다양한 범위의 미술을 표현하는 기본이 되고 있습니다.

뷰티 분야에서도 드로잉은 여러 가지 발상을 표현하여 소통할 때 많이 활용되고 있는데, 그 중에서 뷰티 일러스트레이션은 본 작업에 앞서 미리 예측하고 계획하여 디자인, 색채, 표현방법 등을 미리 제작해 봄으로써 시행착오를 줄일 수 있어 숙련된 작품에 도움이 됩니다. 또한 다양한 표현의 뷰티 일러스트레이션은 그 자체가 창의적 작품으로서의 가치를 가집니다.

뷰티 일러스트레이션은 뷰티 분야에서 기초 계획에 해당되는 것으로서, 뷰티 관련학과 학생들이 쉽게 이해하고 접근할 수 있도록 많은 노력을 하였습니다.

드로잉을 잘 하기 위해서는 긴 시간 교육과 노력이 필요하지만 짧은 교육과정 내에서 효율적으로 활용할 수 있도록 다양한 내용과 방법들을 수록하여 기존의 교재들과는 차별화를 두었으므로 학생들에게 널리 활용될 것으로 예측됩니다.

끝으로 부족한 자료가 책으로 완성되기까지 자료수집과 정리를 위해 틈틈히 작업을 도와준 박경민, 김예송, 이유진, 신현주, 한주희씨에게 감사하며, 특히 졸고에 날개를 달아준 지구문화사/메디시언 임직원 여러분께 감사드립니다.

을미년 새 봄에

필자 대표

차례

Contents

Chapter 4 재료에 따른 표현기법

Chapter 5 인체의 이해와 패션 일러스트레이션

Chapter 6 뷰티 크리에이티브 디자인

Chapter 7 오브제를 활용한 뷰티 크리에이티브

Chapter 01

일러스트레이션

1. 일러스트레이션

1. 일러스트레이션이란?

일러스트레이션(illustration)이란 시각적으로 어떤 의미를 전달하거나 내용의 이해를 돕기 위하여 끼워 넣는 삽화나 사진, 도안을 통틀어 이르는 말로 디자인이나 광고, 포스터 등에 널리 활용되고 있다.

최근 사이버 공간에서 많이 활용하고 있는 이모티콘도 일러스트레이션의 일종으로 볼 수 있고 쉽게 말하면 글그림이라고 생각해도 된다. 또한 신문이나 잡지의 만화 시사만평 기사 속의 그림, 각종 애니메이션, 단행본이나 교과서의 삽화, 동화책 그림 등이 모두 일러스트레이션에 속한다.

일러스트레이션의 라틴어 어원은 'illustrationem'으로 '문서를 활력적으로 표현한다'는 뜻을 가졌으며, 어근인 'lustrare'는 '밝게 하다', 'illustratio'는 '불을 밝힘' 등의 뜻을 가지고 있는데, 이런 표현은 주로 라틴어 차원에서 번역된 말들이고, 1580년 이후 서구 전역에서 사용된 실제의 의미는 '명확하게 설명하다'의 뜻으로 무언가를 명료하게 이해하게 하는 행위라는 뜻으로 쓰여왔다.

일러스트레이션의 연관 용어인, 'illusory' 혹은 'illusion'을 어근을 끊어서 살펴보면 '환상과 같은 머릿속의 이미지'라는 뜻을 지닌다. 문서 옆에 이미지를 넣어 문서의 뜻을 명확하게 전달하는 것인데 우리나라식의 표현은 삽화라고 이해하면 쉽다. 삽화는 말 그대로 삽입된 그림인 만큼 문서 옆에 삽입하여 문서의 내용을 설명하게 만든다.

쉽게 이해하자면 일러스트레이션은 직유, 은유, 사실, 추상 등을 표현하는 꾸밈행위인 것이다.

2. 일러스트레이션의 분류

일러스트레이션 분야하면 크게 두 종류로 나누어 볼 수 있다.

(1) 내용에 따른 일러스트레이션

① 광고 일러스트레이션(영상, 플래시, 포스터, 게임)
② 출판 일러스트레이션(도서, 신문, 잡지)
③ 제품 일러스트레이션(문구류, 팬시, 패키지) 등이 있으며

(2) 형식에 따른 일러스트레이션

① 책표지 일러스트레이션
② 삽화 일러스트레이션
③ 포스터 일러스트레이션
④ 패션 일러스트레이션
⑤ 만화 일러스트레이션
⑥ 입체 일러스트레이션
⑦ 테크니컬 일러스트레이션
⑧ 리얼리스틱 일러스트레이션
⑨ 콜라쥬 일러스트레이션
⑩ 캐리커처
⑪ 그래픽 일러스트레이션
⑫ 애니메이션 일러스트레이션 등

그 밖에도 뷰티 분야에서 새롭게 각광받으며 발전하고 있는 일러스트레이션은 헤어, 메이크업, 네일 등 전 분야에서 많이 활용되고 있다. 그 이유들을 살펴보면 다음과 같다.

첫째, 본 작업에 앞서 미리 예측하고 계획하여 디자인, 색채, 표현방법 등을 미리 제작해 봄으로써 시행착오를 줄일 수 있으며, 숙련된 작품을 만들 수 있다.

둘째, 다양한 표현의 뷰티 일러스트레이션은 그 자체가 창의적 작품으로서의 가치를 가진다.

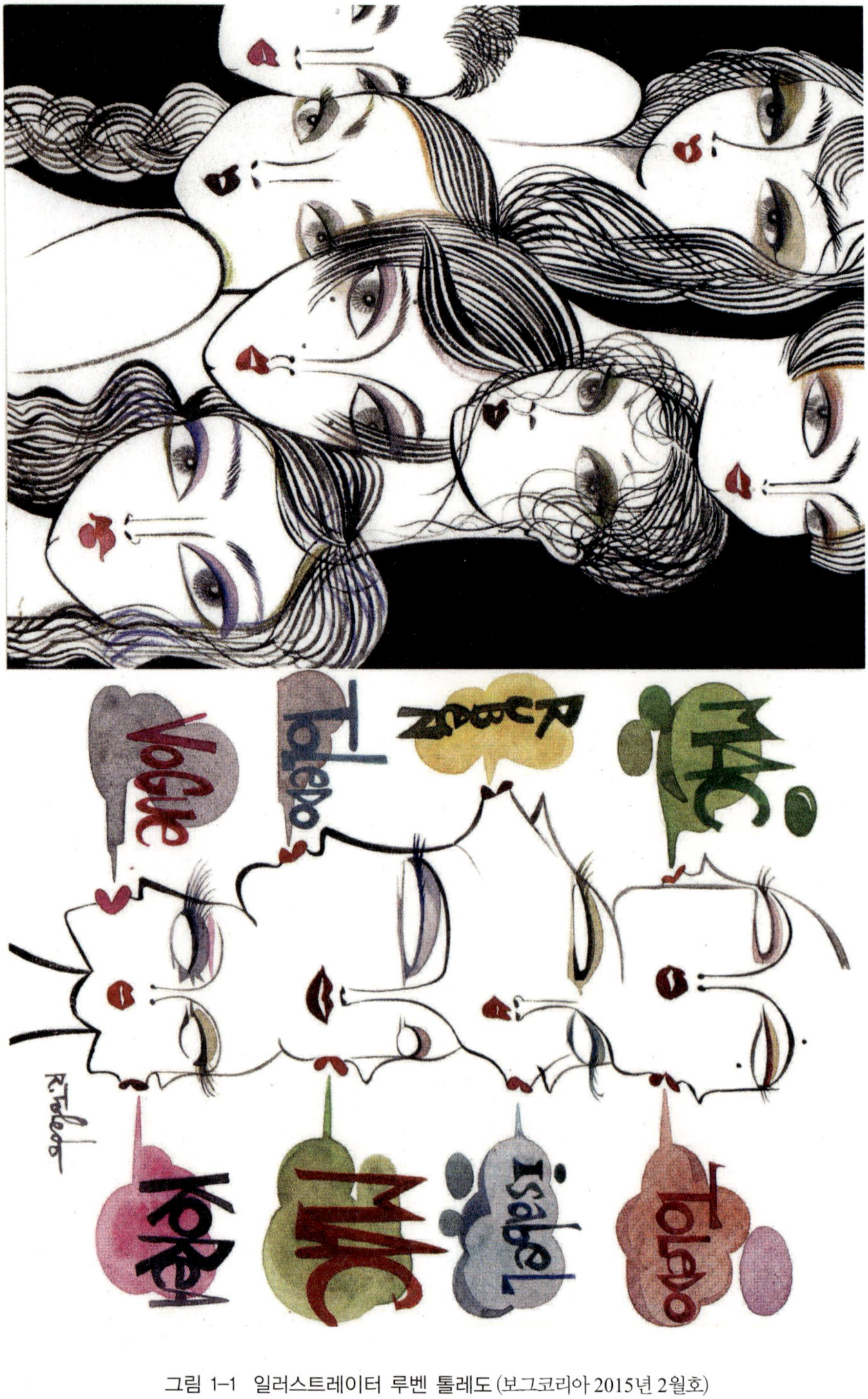

그림 1-1 일러스트레이터 루벤 톨레도 (보그코리아 2015년 2월호)

2. 뷰티 일러스트레이션

머릿속에 있는 콘셉트를 머릿속에만 두지 않고 직접 그려서 눈으로 보면서 이미지를 끌어내어 본 작업에 앞서 미리 해 봄으로써 시행착오를 줄일 수 있고 결과를 예측하기 편리하다.

그림 1-2 ELLE 표지잡지(2011년 1월호)

그림 1-3 스페인 출신 메르세데스 드벨라드(Mercedes deBellard) 작품

Chapter 02

기초 드로잉과 색채의 이해

1. 드로잉의 개념
2. 재료
3. 명암과 채도
4. 명암과 질감

1. 드로잉의 개념

드로잉(drowing)이란 연필이나 펜 등을 사용하여 대상의 윤곽을 선으로 표현하는 것으로 불어로 데생(dessin)이라고도 한다.

기초 드로잉 도구로 가장 많이 사용하는 것이 연필인데, 연필은 사용하기 편리하고 지우개로 잘 지워지는 장점이 있다.

그림 2-1 파블로 피카소의 드로잉 작품

그림 2-2 빈센트 반 고흐 작품

2. 재료

1. 연필 (pencil)

연필은 흑연과 점토를 재료로 심(心)을 나무판 속에 넣은 만든 필기도구로서, 세는 단위는 자루, 다스(12자루), 그로스(12다스)이다.

연필의 강도와 짙기는 기호로 표시되는데 H는 Hard(심의 단단한 정도)를 표시하고, B는 Black(짙은 정도, 심의 무른 정도)을 표시하므로 H의 숫자가 높을수록 단단하며 B의 숫자가 높을수록 부드러운, 즉 짙은 것이다.

F는 HB와 B의 중간 정도를 표시하며 10H에서 8B까지 있다.
글씨는 보통 HB 정도의 중간 것을 많이 사용하고 그림을 그릴 때는 B가 많은 쪽으로 사용하며 설계나 제도 등 정교한 작업을 요할 때는 H가 많은 쪽으로 사용한다.

스케치는 4B, 데생은 B~8B, 크로키(croquis)에는 4B 정도를 사용한다. 지나치게 단단한 연필을 사용하면 선이 딱딱하고 깊이감이 없으며 날카로운 느낌을 준다.

(1) 연필 경도별 사용법

① 단단한 연필 2H~F

단단한 연필은 제도용이나 세밀한 정밀화에 쓰이고, 종이도 결이 곱고 튼튼한 켄트지(kent)가 적당하다. 결이 거친 도화지에서는 수정을 하려고 지우개를 쓰다 보면 지면에 보풀이 일어 더러워진다.

② 중간 굳기 HB~B

일반적으로 흔히 쓰이는 연필이다. 단단하지도 않고 아주 무르지도 않아서 특별한 주의 없이 사용할 수 있다. 아주 단단한 연필과 아주 무른 연필 사이의 톤을 자연스럽게 연결시켜 준다.

③ 부드럽고 무른 연필 2B~6B

연필화에서 가장 많이 쓰이는 것이 심이 굵고 무른 연필이다. 결이 거친 수채지나 목탄지, 일반 도화지나 켄트지 등에 다양하게 사용되며 4B연필은 데생용으로 많이 쓰이고, 6B는 짧은 시간 내에 해야 하는 야외 스케치나 크로키 등 다목적으로 사용된다. 심이 부드럽기 때문에 세밀하게 그릴 수 있고 변화가 다양한 선을 쓸 수 있다.

좋은 연필의 조건은

첫째, 균일한 굵기의 선이 그어져야 하고
둘째, 지면에 정착성이 좋아 종이를 더럽히지 않으며
셋째, 광택이 나지 않아 검은색이 더 진하고 선명하게 보이며
넷째, 심이 균일하며 불순물이 섞이지 않아 매끄럽고 쾌적한 작업이 되게 하는 것이다.

그림 2-3 연 필

6B 연필 3B 연필

그림 2-4 연필로 선긋기

6B 연필 3B 연필

그림 2-5 천으로 문지르기

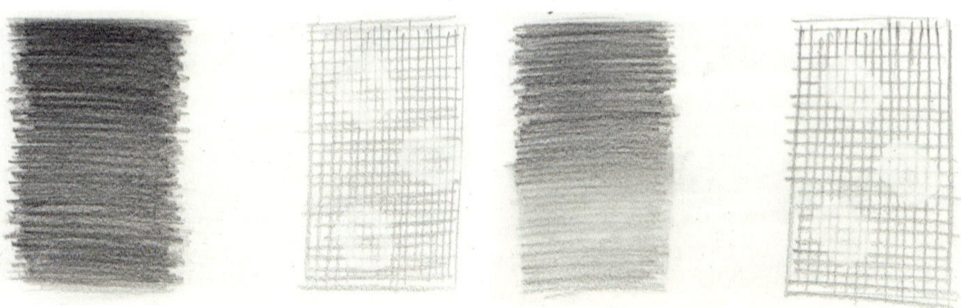

6B 연필 3B 연필

그림 2-6 지우개로 지우기

(2) 연필 질감별 느낌

물체의 명암을 크게 3단계 흐름으로 보고 나서 빛의 방향에 따라 세부적인 명암과 질감을 살린다.

2. 종이

일반적으로 켄트지를 많이 사용하나 표면의 질감이나 두께에 따라 다양한 표현이 가능하다.

다양한 종류가 있으나 주로 사용하는 것들은 다음과 같다.

(1) 재질에 따른 종이의 분류

① **두꺼운 도화지** : 두께감이 풍부하여 여러 만들기 작업에 적합한 종이(마분지)

② **켄트(kent)지** : 스케치 및 그림 그리기에 적합한 종이(도화지) – 일반적으로 스케치북으로 사용하고 있다.

③ **와트만(whatman)지** : 스케치 및 그림 그리기에 적합한 종이(도화지) – 일반적으로 수채화를 그리는 데 사용하고 있다.

④ **화선지(畵宣紙)** : 붓글씨를 쓰거나 그림을 그릴 때 쓰는 한지의 하나. 먹이 잘 번지며 옥판선지(玉板宣紙)에 비해 품질은 조금 낮고 폭이 조금 크다.

⑤ **트레싱(trecing)지, 트레팔(trapal)지** : 반투명한 특징이 있어, 밑그림을 대고 그릴 수 있는 종이(기름종이)

⑥ **만화지/제도지** : 표면이 매끄러워 연필, 볼펜 등 펜 작업에 적합한 종이(백상지/모조지)

⑦ **마시멜로(marshmallow)** : 가장 매끄러운 표면을 가지고 있어 레이저 및 잉크젯 프린터 출력에 적합한 종이

⑧ **아트(art)지/스노우(snow)지** : 유광, 반광의 매끄러운 코팅이 되어 있으며 다용도로 사용되는 종이

⑨ **흑켄트지** : 환경미화 및 종이공예, 시안용 등 다용도로 사용되는 종이

⑩ **크라프트(kraft)지** : 고유의 질기고 튼튼한 특징이 있어 다양한 용도에 적합한 종이 (미국식품의약국 FDA 기준 통과)

⑪ **색도화지** : 가장 많이 사용되는 기본 4색 색상지

⑫ **OPP보드** : 가볍고 단단하며 쉽게 변색이 되지 않는 중성 보드 (pH 7)

⑬ **컬러하드보드** : 여러 용도로 사용할 수 있는 다양한 색상의 하드보드지

(2) 사이즈에 따른 종이의 분류

- 국전지 636 × 939(mm)
- 46전지 788 × 1090(mm)
- 2절지 545 × 788(mm)
- 4절지 394 × 545(mm)
- 8절지 272 × 394(mm)
- 16절지 197 × 272(mm)
- 32절지 136 × 197(mm)

3. 지우개

지우개는 불필요한 부분을 지울 때 사용하지만, 지워서 형태를 완성하기 위하여 사용하기도 한다.

지울 때 힘조절이나 속도조절에 따라 다양한 효과를 낼 수 있으므로 지우개의 효과를 잘 활용할 수 있도록 한다.

연필의 자국을 지우개로 지우고 손으로 밀듯이 털면 검정 때가 묻어날 수 있으므로 전용 브러시로 쓸어서 털거나 종이를 들어서 톡톡 치듯이 털어 내면 깨끗해진다.

그림 2-7 지우개와 브러시

3. 명도와 채도

(1) 명 도(value)

명도는 색채의 밝고 어두운 정도를 나타내는 색의 성질로 색의 3속성 중 하나이다. 색상과 채도의 임의조합에 의해 나타나는 빛은 다양한 명도를 가질 수 있는데, 명도는 빛의 에너지 양에 의존한다. 가장 밝은 흰색과 가장 어두운 검은색을 놓고 그 사이에 밝기가 다른 여러 가지 회색을 순서대로 배열하면 무채색의 명도단계가 구성된다.

흰색 · 회색 · 검은색의 범위 또는 밝음 · 어두움의 범위로도 불린다. 무채색은 명도 0부터 9.5(또는 10)까지 11단계로 나누어져 있으며, 이 무채색의 11단계를 유채색 명도의 기준으로 사용한다. 어떤 색이든지 흰색을 혼합하면 명도가 높아지고, 검은색을 혼합하면 명도가 낮아지며, 빛의 반사율이 높은 색일수록 명도가 높다.

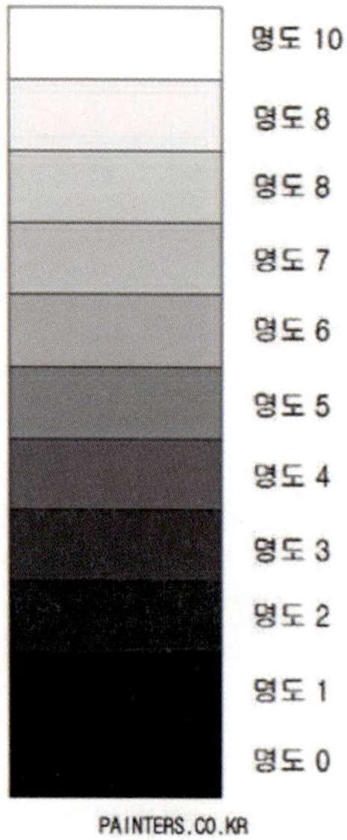

그림 2-8 명도 11단계

연필이나 물감으로 명도를 표현해 보자.

그림 2-9 연필, 물감

(2) 채 도(chroma)

채도는 색의 짙고 연한 정도, 맑고 흐린 정도를 나타내는 색의 3속성 가운데 하나로, 유채색에만 있다. 색상 중에서 흰색이나 검은색의 포함량이 많을수록 채도가 낮으며 포함량이 적을수록 채도가 높다.

또한 채도는 명도가 똑같은 무채색에 대해서 얼마만큼 색조가 많이 들어 있는지 색조의 양을 나타내는 기준으로, 색채의 순수성을 설명하는 데 사용되는 용어이다. 채도 번호는 1에서 14까지 14단계로 구분되는데, 색입체의 중심축인 무채색의 축에서 바깥쪽으로 멀어질수록 채도 번호는 점점 높아진다. 반대로 색 입체의 중심축인 무채색의 축에 가까워질수록 채도 번호는 점점 낮아진다.

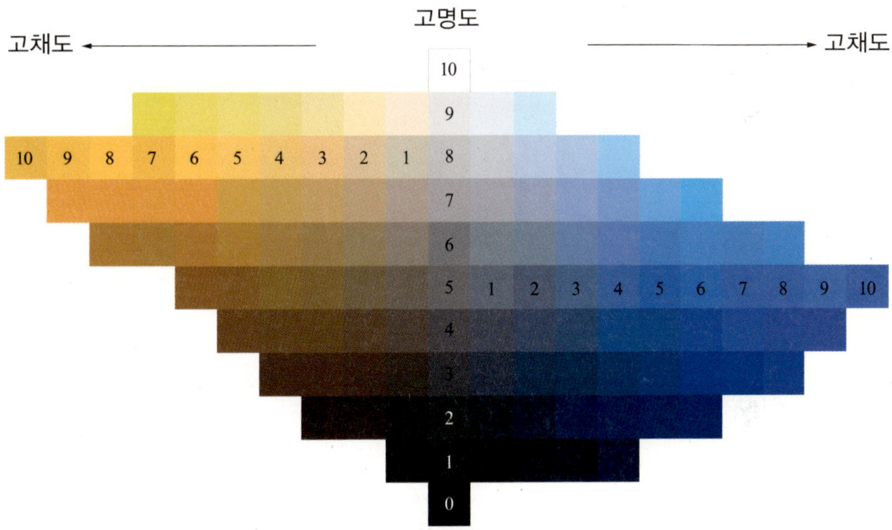

그림 2-10 색입체

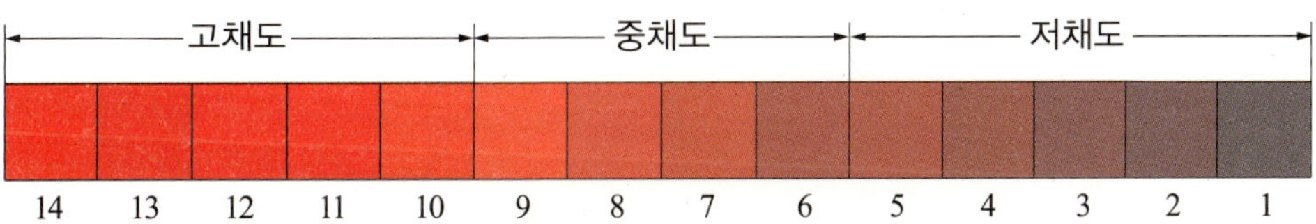

그림 2-11 채도 14 단계

여러 가지 색상을 이용하여 채도를 표현해 보자.

그림 2-12 물감

4. 명암과 질감

(1) 명암(light and shade)

물체의 밝음과 어두움을 명암이라고 하는데, 빛의 방향에 따라 명암을 느낄 수 있으며, 또한 명암을 표현하면 입체감을 느낄 수 있게 된다.

그림 2-13 명암 표현

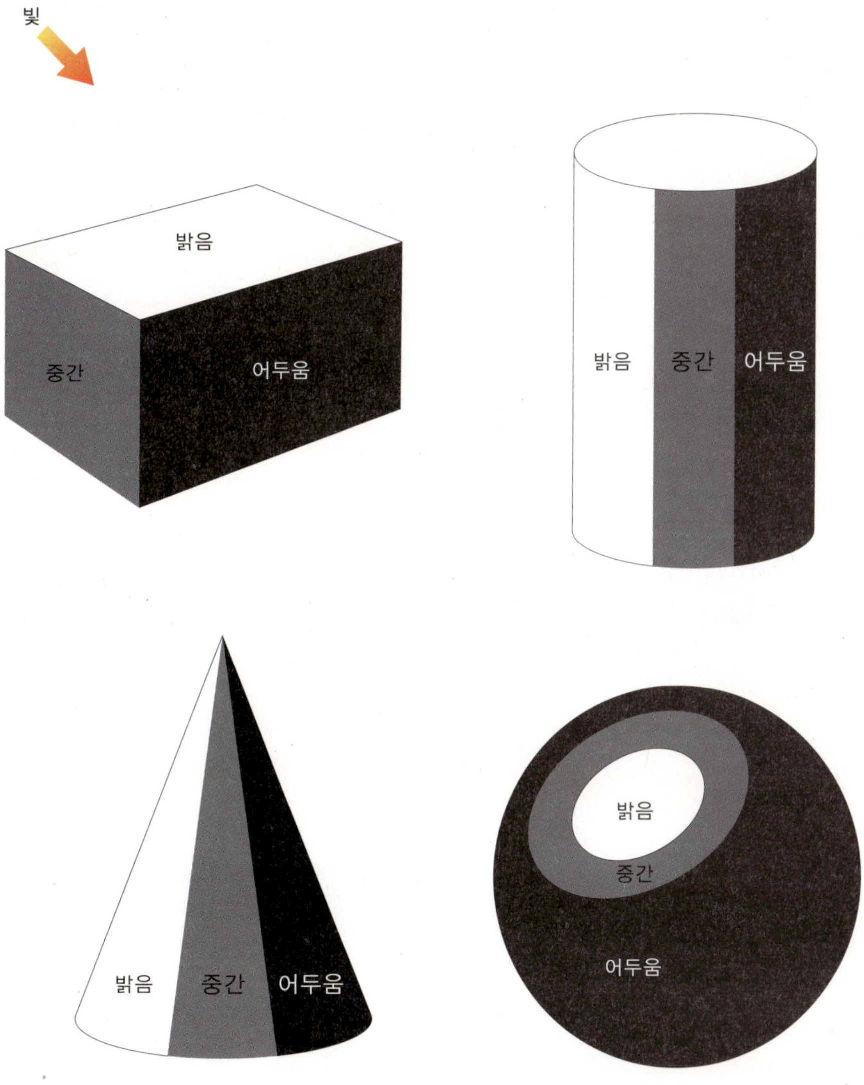

그림 2-14 명암의 이해

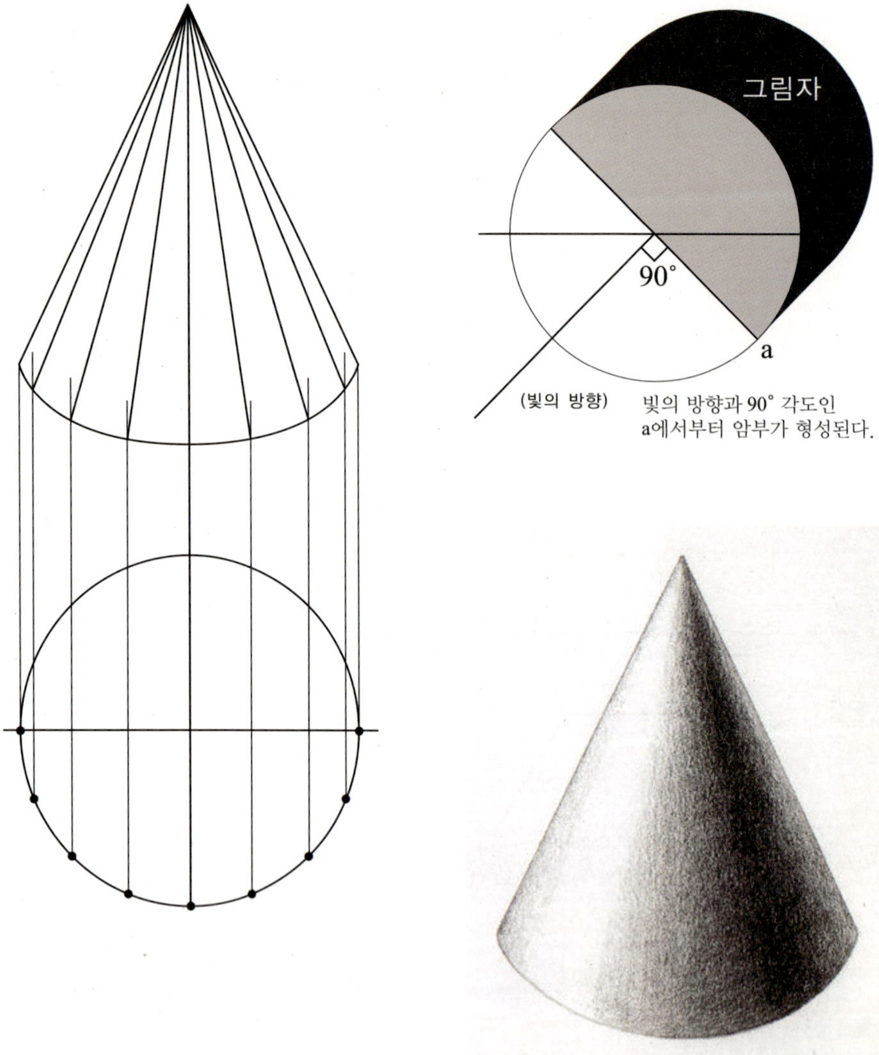

그림 2-15 명암의 이해

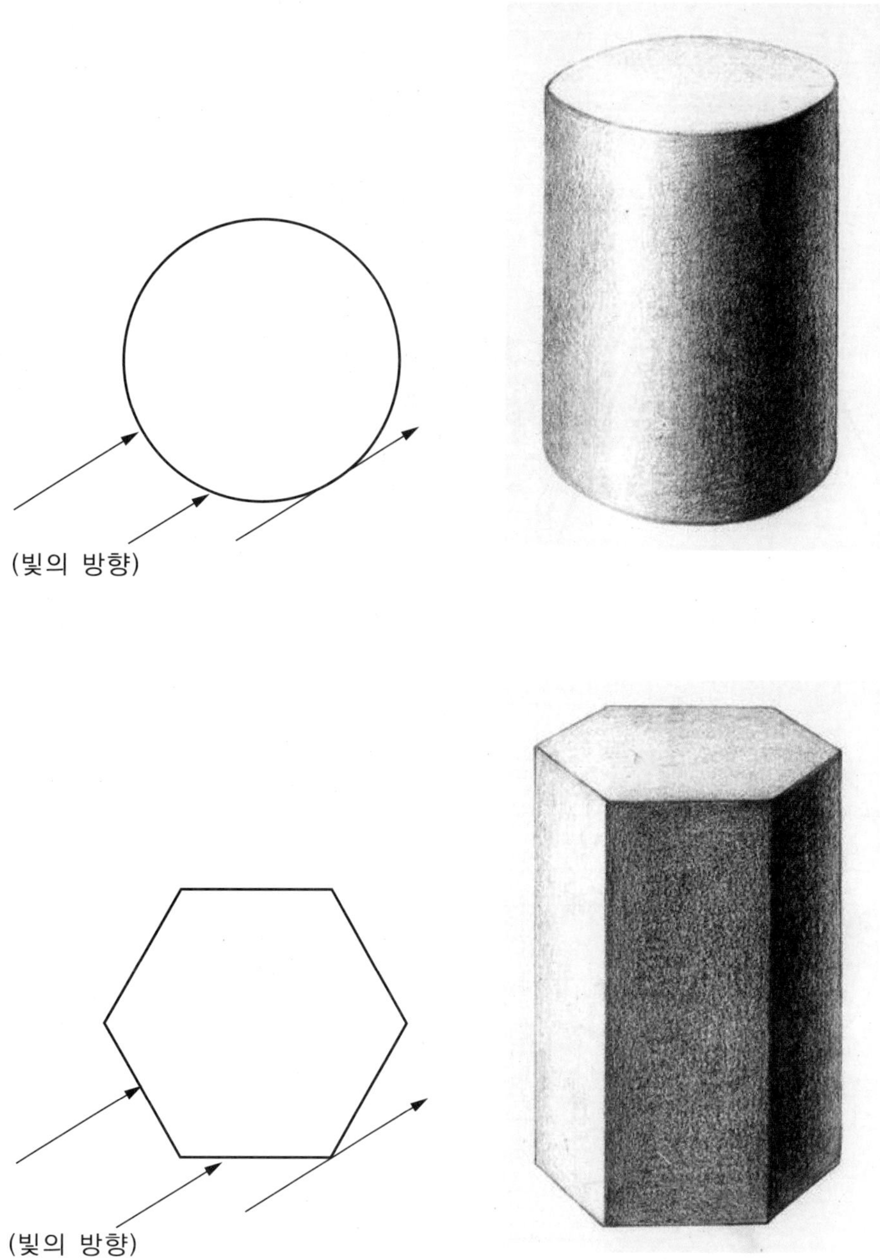

그림 2-16 빛의 방향과 명암

원(평면)에 명암을 주면 구(입체)가 된다.

그림 2-17 구

그림 2-18 원기둥의 이해

그림 2-19 명암 표현

그림 2-20 석고 기초 소묘

(2) 질감(texture)

재료가 가지는 성질의 차이에 따라 달리 느껴지는 독특한 느낌을 질감이라고 하는데, 촉감으로 만져보거나 눈으로 보게 되는 느낌을 명암의 변화에 따라 표현한다.

그림 2-21 연필, 수채물감

그림 2-22 빈센트 반 고흐 〈별이 빛나는 밤에〉

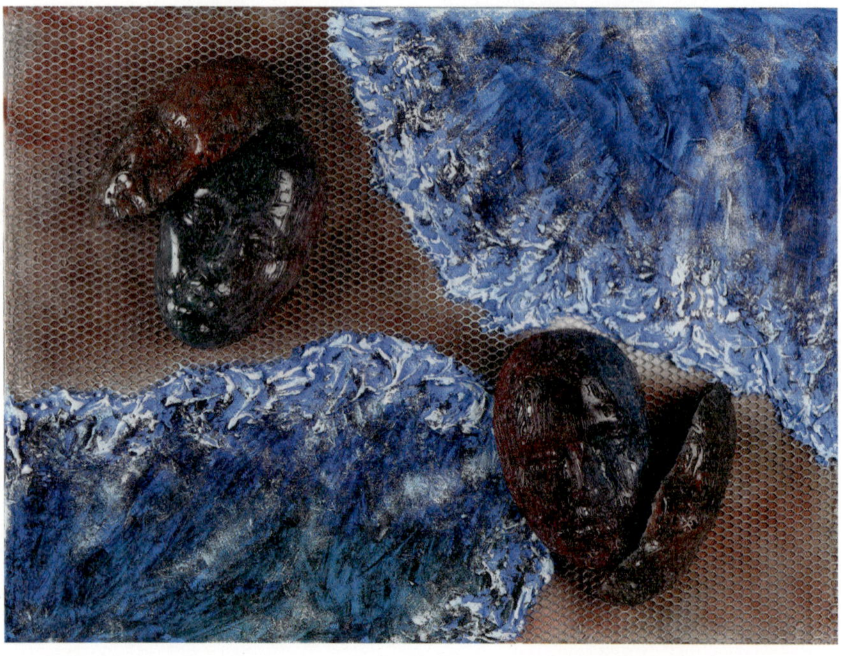

그림 2-23 망사, 글루건(Glue Gun), 핸디코트(Handy coat) 등을 활용한 질감 표현

그림 2-24 목재, 핸디코트 등을 활용한 질감 표현

그림 2-25 아트마스크, 핸디코트 등을 활용한 질감 표현

Chapter 03

얼굴 실전 테크닉

1. 얼굴의 비례
2. 이목구비 그리기
3. 메이크업 패턴 디자인
4. 머리카락 실습

1. 얼굴의 비례

얼굴의 전체적인 비례를 보고 나서 세부적인 형태로 스케치한다. 두상과 이목구비를 그리는 방법은 여러 가지가 있으므로 적절한 구도를 활용하여 그리도록 한다.

두상과 이목구비를 이해하기 위하여 다양한 구도 잡기로 그려 보자.

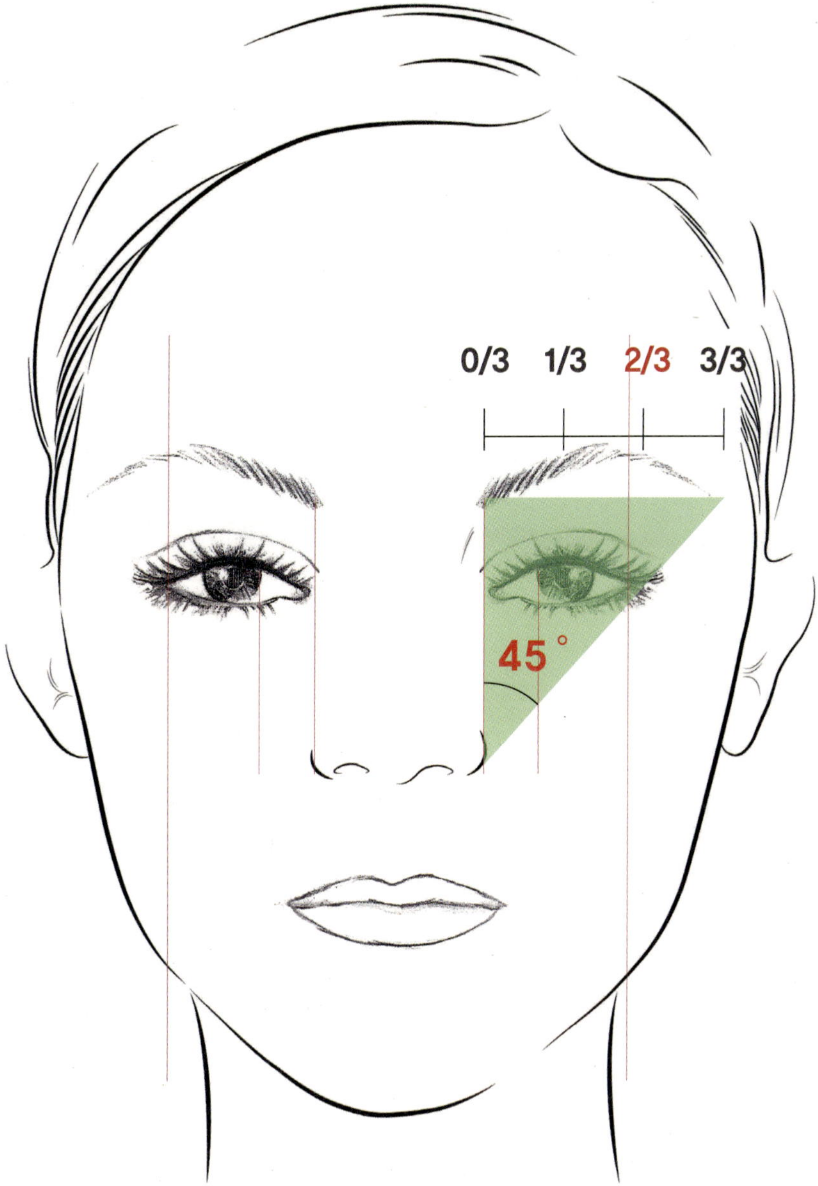

그림 3-1 얼굴의 균형도

이목구비의 비례를 이해하면서 두상의 전체적인 형태와 접목하여 자유롭게 그려 보자.

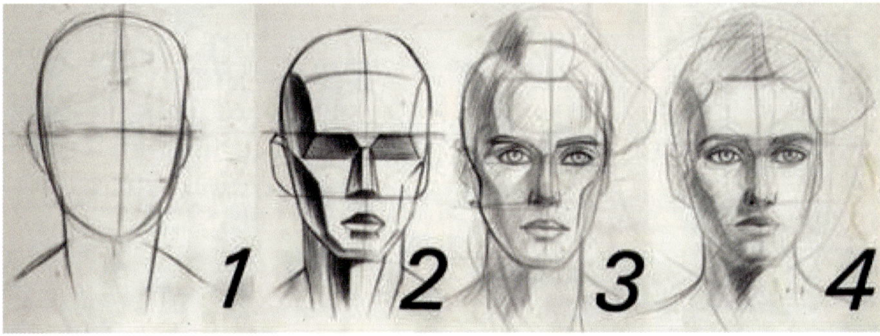

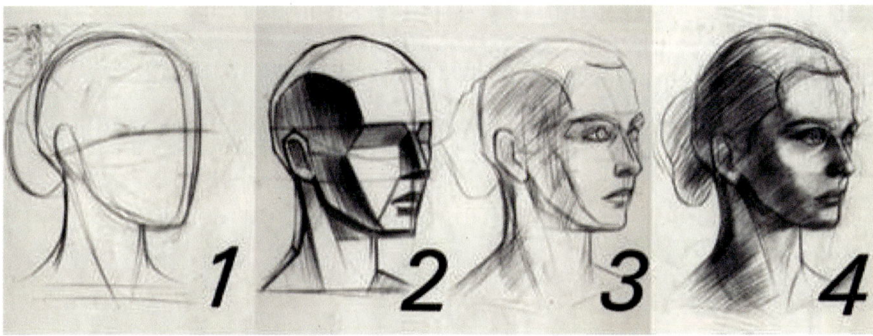

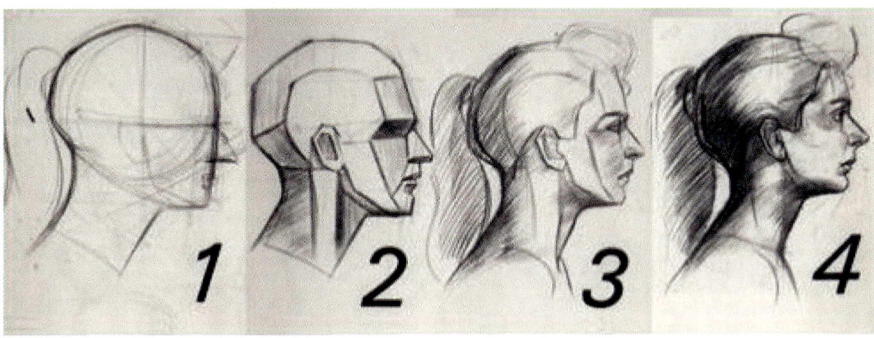

두상의 전체적인 비례와 균형을 보면서 스케치한다.

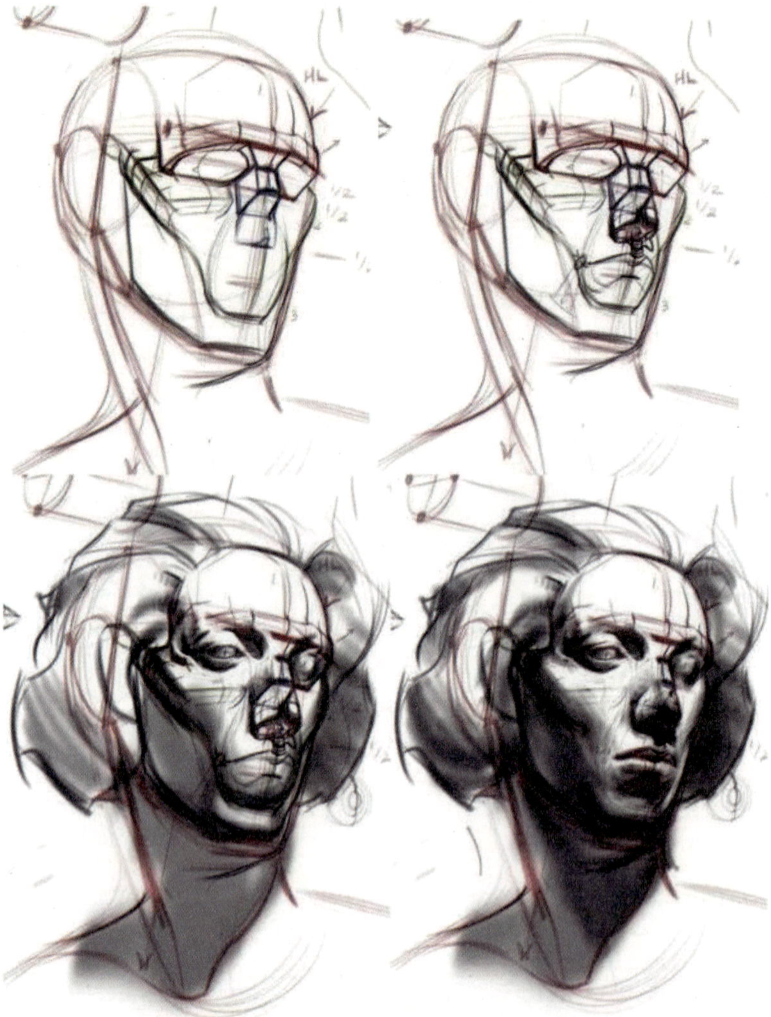

얼굴을 그리는 방법은 여러 가지가 있으므로 상황에 맞게 스케치한다.

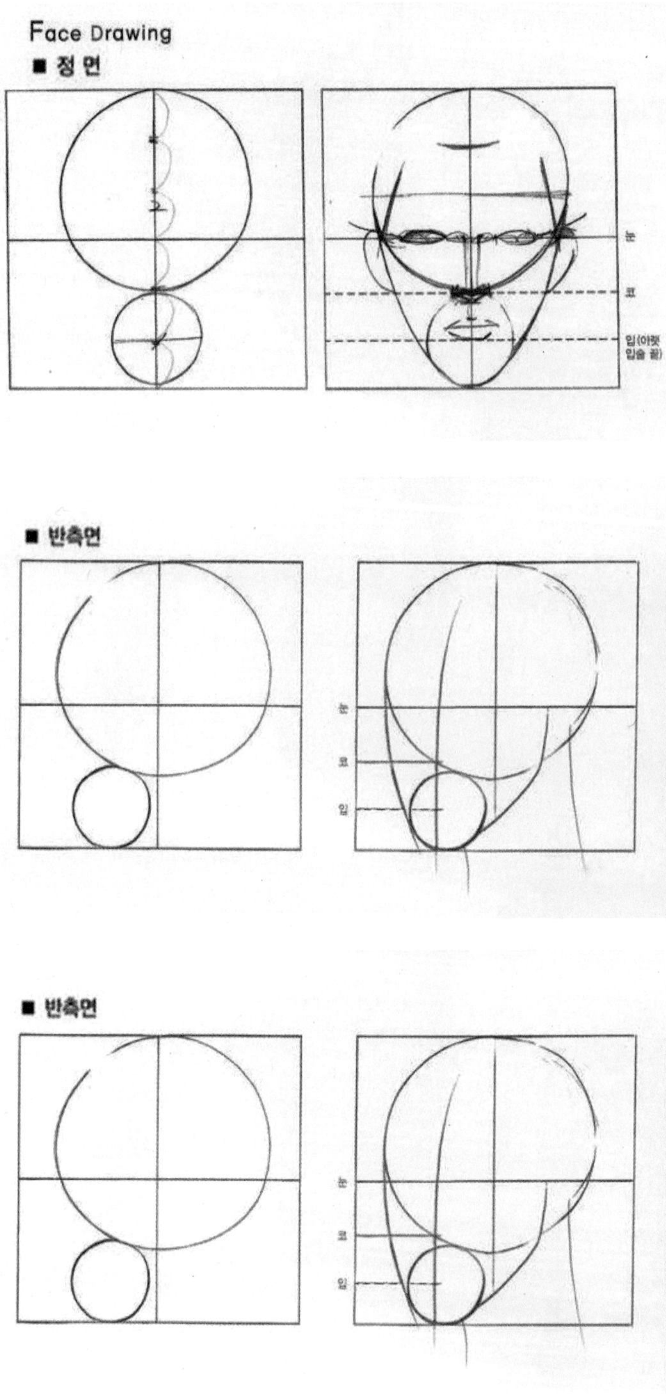

2. 이목구비 그리기

1. 눈썹 그리기

눈썹은 얼굴의 인상을 좌우하며 얼굴형을 고려하여 다양하게 표현할 수 있다. 눈썹 앞머리는 콧망울에서 수직으로 올린 지점에 위치하며, 눈썹꼬리는 콧망울과 눈꼬리를 잇는 연장선상에 있다. 콧망울의 각도는 45도를 이루게 한다.

[눈썹 그리는 순서]

① 눈썹의 형태를 스케치한다.
② 연필을 눕혀서 손의 힘을 조절하여 기본 음영을 처리한다.
③ 연필을 가까이 잡고 눈썹의 방향을 살려 한올 한올 그린다.
④ 눈썹의 형태와 진한 정도를 조절하면서 반복적으로 채워 나간다.

그림 3-2 단계별 눈썹 디자인

그림 3-3 눈썹의 기본

눈썹을 창의적으로 자유롭게 그려 보자.

그림 3-4 눈썹의 창의적 디자인

2. 눈 그리기

눈은 얼굴의 표정에 있어서 감정을 표현하는 중요한 부위이다. 눈동자의 검정 부분과 하이라이트를 잘 이용하여 그린다.

그림 3-5 눈의 도해(길이, 각도 표시)-눈썹과 연결해서 표시

[눈 그리는 순서]

① 눈의 대략적인 형태를 드로잉한다.
② 3등분으로 나누어 디테일하게 스케치한다.
③ 동공을 그린다.
④ 명암처리를 하면서 세부적으로 그려 나간다.
⑤ 쌍꺼풀, 상안검, 하안검, 속눈썹 등을 그린다.

그림 3-6 눈의 방향에 따른 기본 디자인

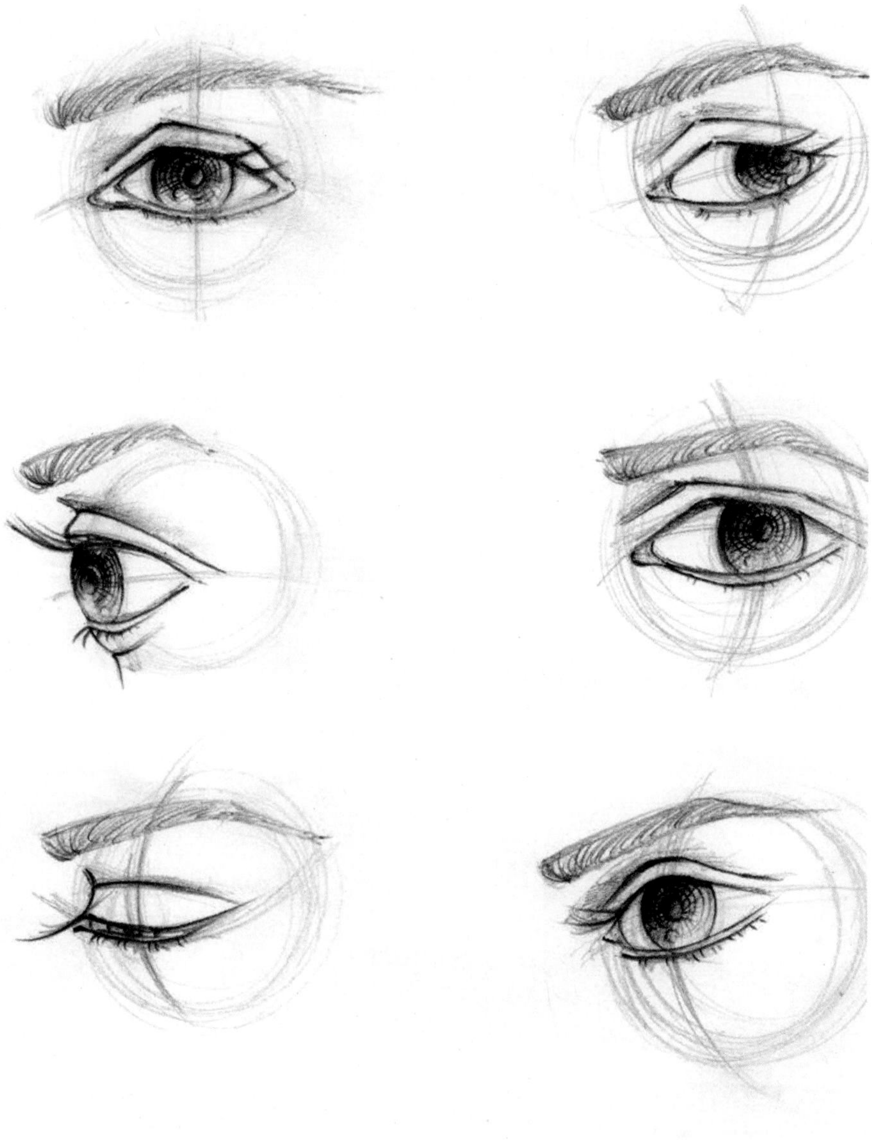

그림 3-7 눈의 방향에 따른 세분 디자인

3. 코 그리기

코는 얼굴의 기준이 되며 눈과 입과의 비율을 보면서 그려 나가며, 방향에 따라 각도를 그린다. 코는 얼굴에서 라인의 형태보다 높낮이로 구성되어 있으므로 다른 부위에 비해서 스케치가 단순하기 때문에 특히 콧망울과 명암을 주의해서 표현하여야 한다.

[코 그리는 순서]

① 코의 길이를 선으로 스케치한다.
② 콧방울을 스케치한다.
③ 콧구멍을 그린다.
④ 전체적인 명암을 넣으면서 디테일하게 그린다.

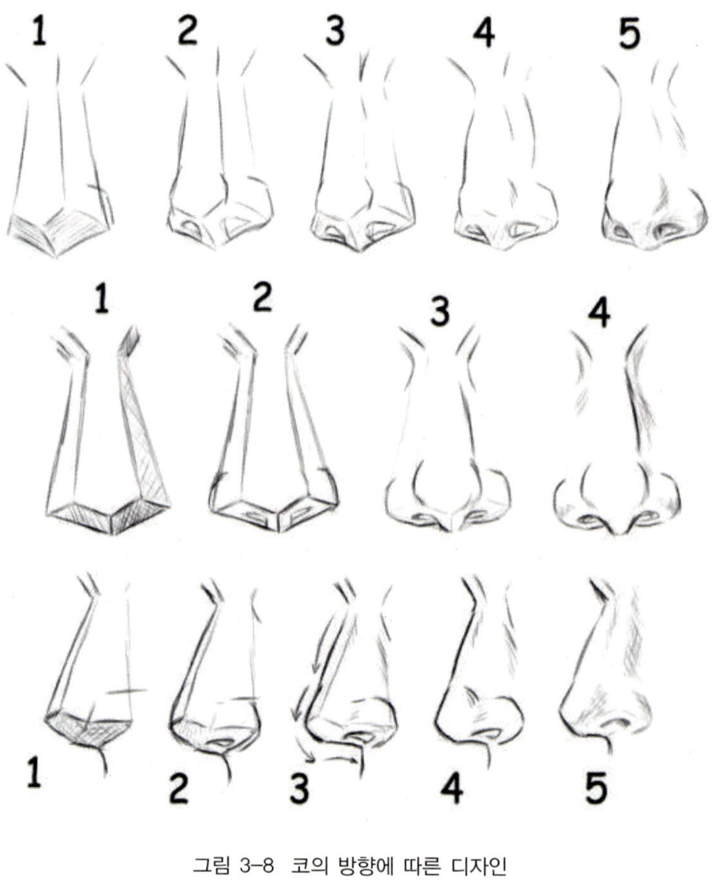

그림 3-8 코의 방향에 따른 디자인

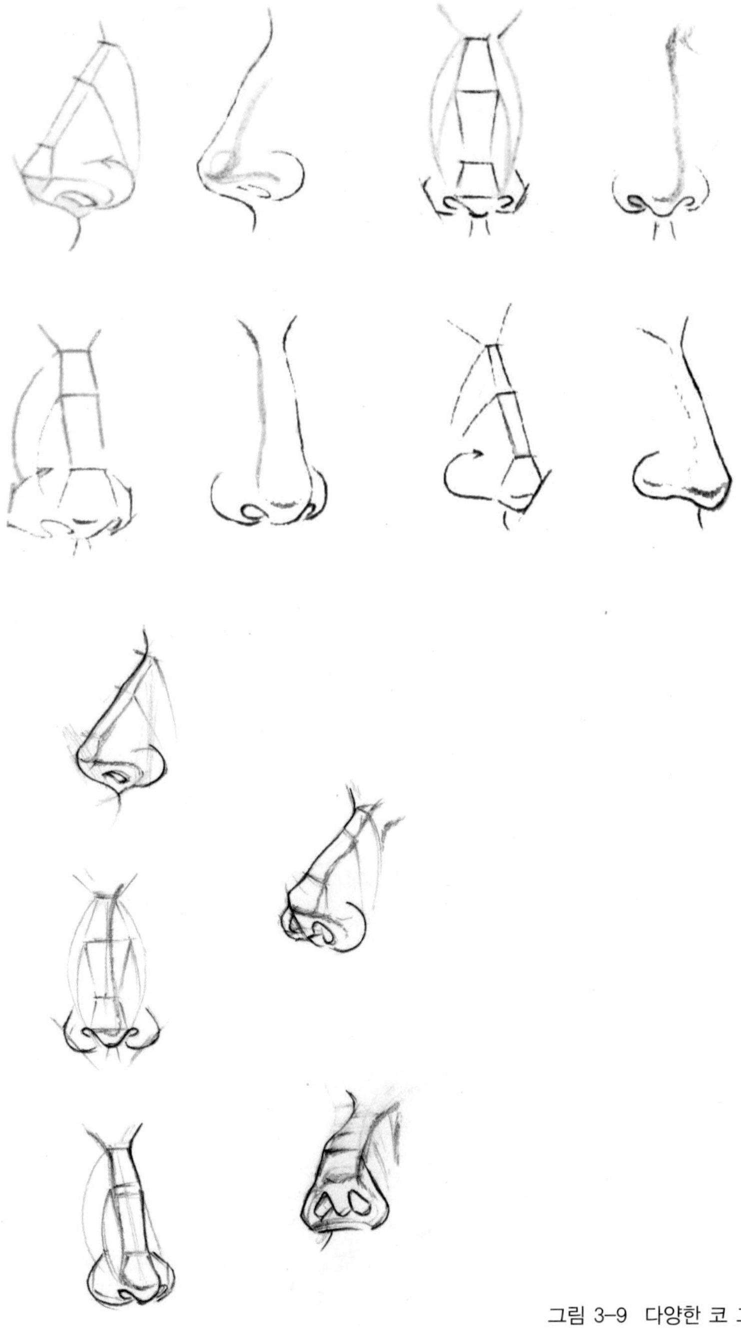

그림 3-9 다양한 코 그림

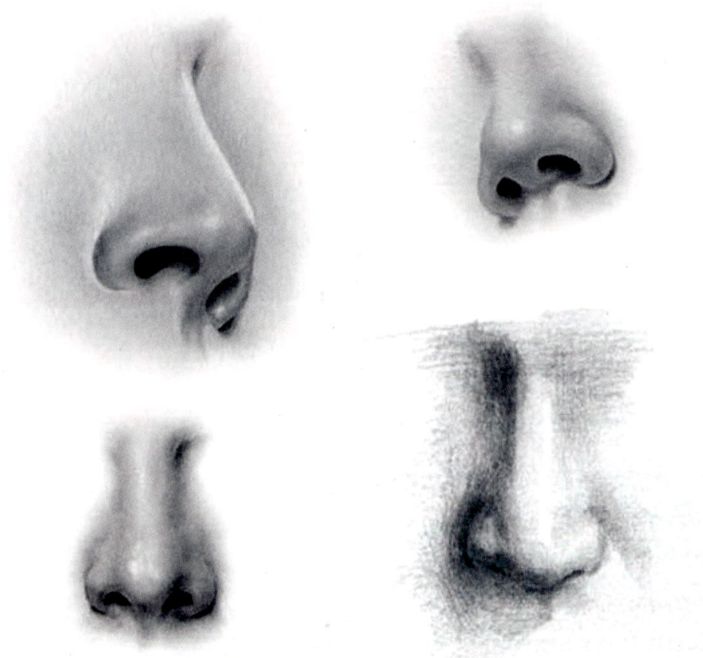

그림 3-10 코의 방향에 따른 디자인

4. 입 그리기

[입 그리는 법]

① 코와 눈과의 비례를 보면서 그린다.

② 가로 세로 비례로 등분하면서 스케치한다.

③ 아랫입술은 윗입술보다 약간 두껍게 그린다.

④ 입술산에서부터 구각을 향하여 그린다.

⑤ 입술 명암을 표현하면서 디테일하게 그린다.

⑥ 하이라이트와 주름을 표현한다.

입술을 창의적으로 자유롭게 그려 보자.

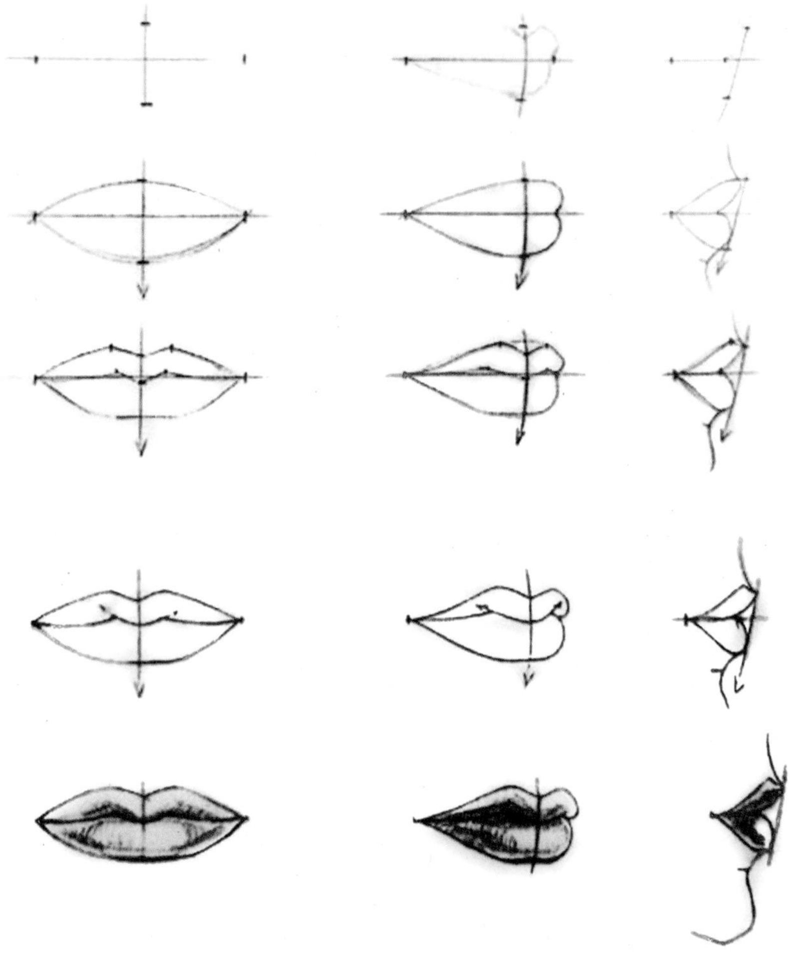

그림 3-11 입술의 방향에 따른 디자인

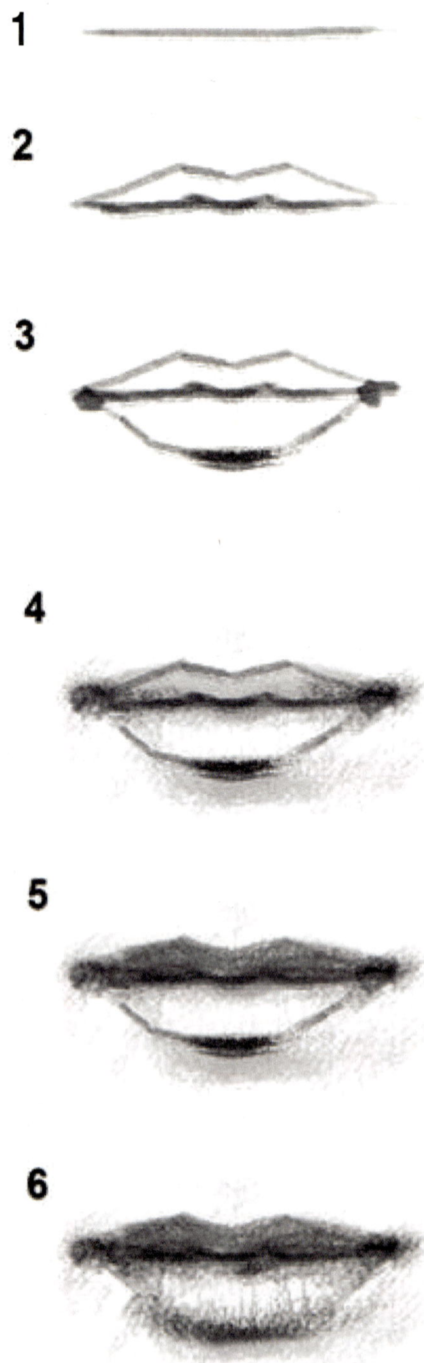

그림 3-12 입술의 단계별 디자인

입술을 창의적으로 자유롭게 그려 보자.

그림 3-13 다양한 디자인의 입술

그림 3-14 입술

5. 귀 그리기

[귀 그리는 법]

① 귀의 형태를 드로잉한다.
② 귓바퀴와 안쪽 구멍의 두 덩어리로 스케치한다.
③ 귀의 모양을 스케치한다.
④ 명암을 표현하면서 디테일하게 그린다.

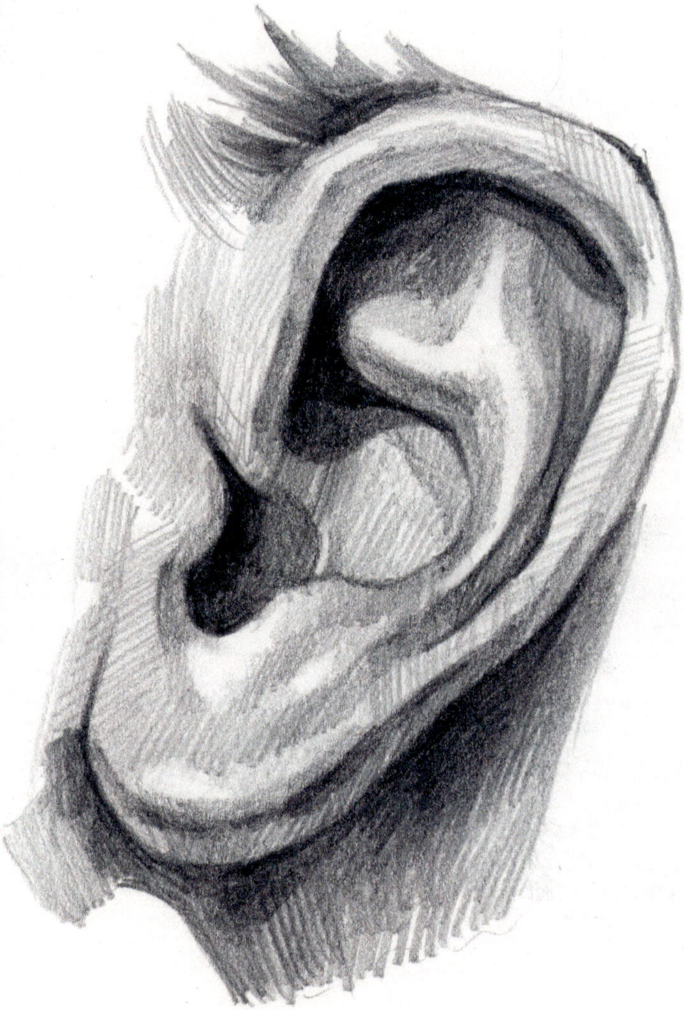

그림 3-15 귀의 기본 디자인

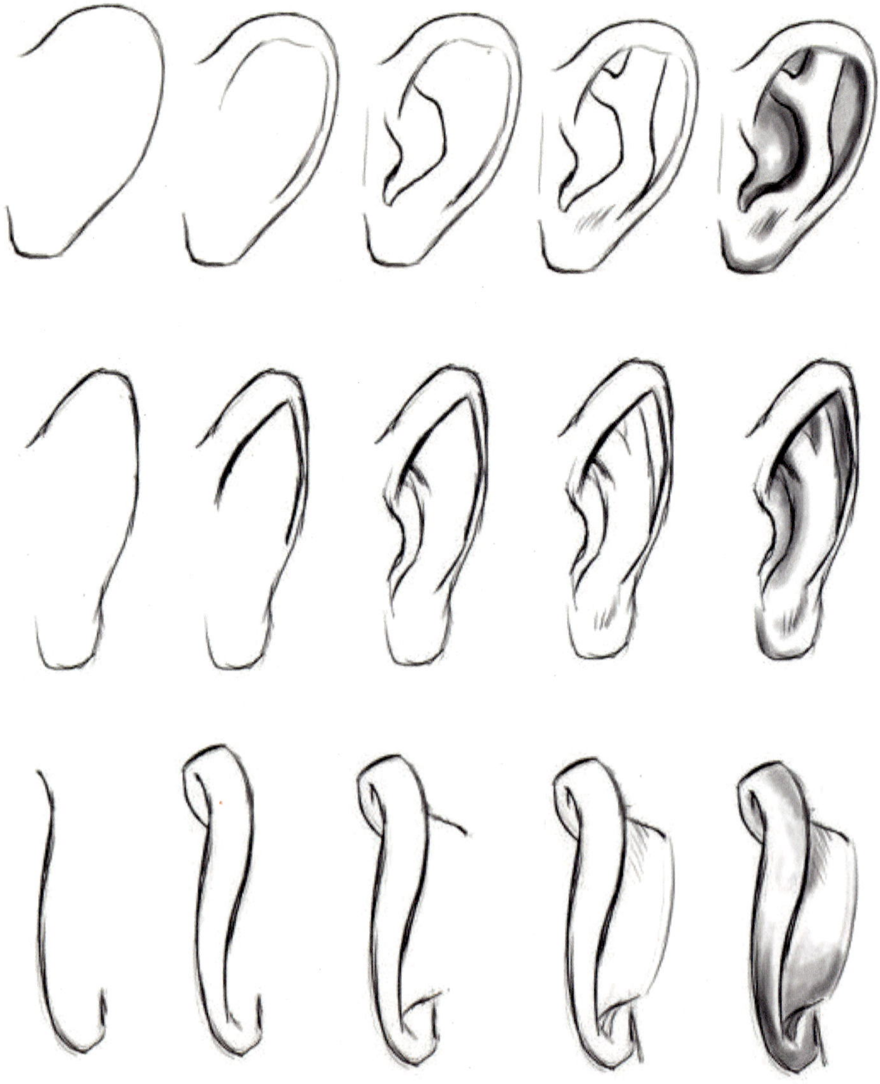

그림 3-16 귀의 방향에 따른 디자인

3. 메이크업 패턴 디자인

다양한 형태별 눈썹을 표현해 보자.

기본형

아치형

일자형

각진형

상승형

아이섀도(eye shadow)를 표현해 보자.

아이홀테크닉을 표현해 보자.

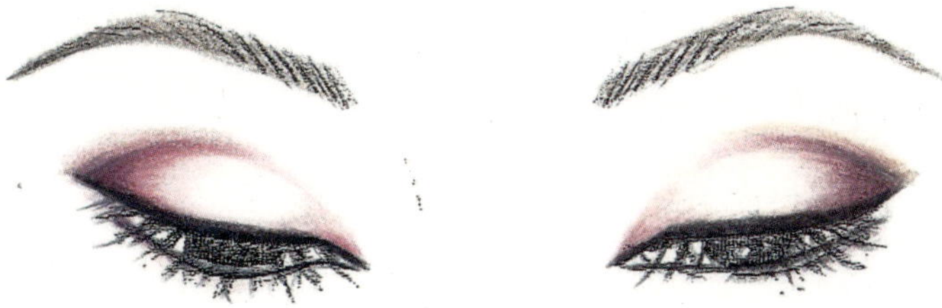

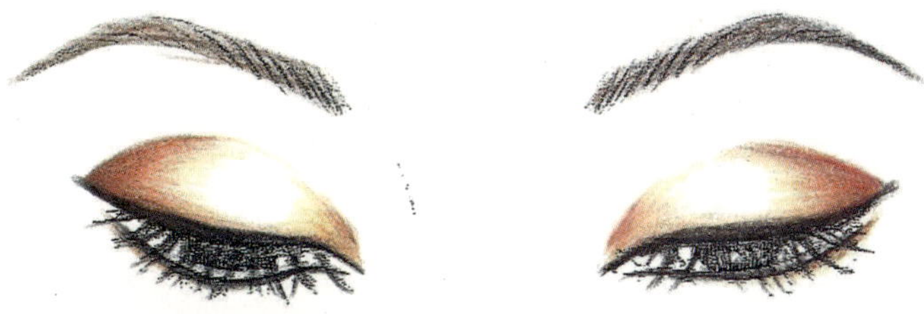

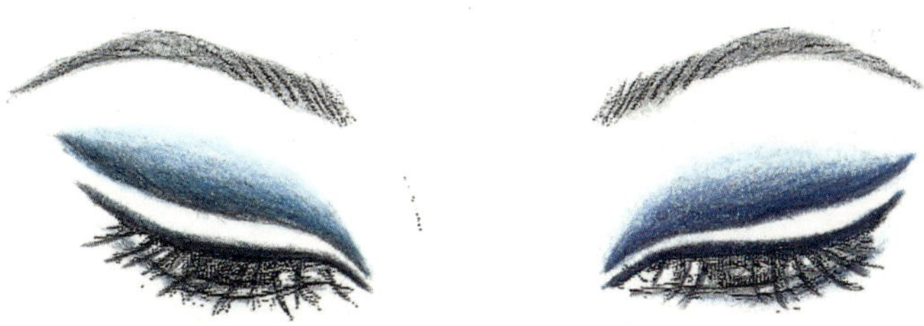

그림 3-17 테크닉별 입술 디자인

4. 머리카락 실습

1. 짧은 머리

그림 3-18 단계별 스케치

그림 3-19 색연필, 물감

그림 3-20 수채물감, 포스터 컬러

그림 3-21 연필, 파스텔

그림 3-22 연필, 수채물감

그림 3-23 수성 펜, 수채물감

2. 긴 머리

그림 3-24 단계별 스케치

그림 3-25 연필, 색연필

그림 3-26 수성 펜

그림 3-27 수성 펜, 수채물감

그림 3-28 색연필, 수채물감

그림 3-29 수채물감

그림 3-30 수채물감

3. 땋은 머리

그림 3-31 수채물감

그림 3-32 수채물감

그림 3-33 수성 펜

그림 3-34 수채물감, 유성 라이너

그림 3-35 수채물감, 유성 라이너

4. 올림머리

그림 3-36 단계별 스케치

그림 3-37 연 필

그림 3-38 연필, 색연필, 수채물감

그림 3-39 연필, 색연필, 깃털

그림 3-40 디즈니 애니메이션 겨울왕국 포스터

Chapter 04

재료에 따른 표현기법

1. 재료별 표현기법

드로잉은 기본적으로 연필에서부터 다양한 재료들을 사용할 수 있다. 표현하고자 하는 이미지나 전달하고자 하는 느낌을 잘 표현하기 위하여 적합한 재료를 선택하면 된다.

1. 재료별 표현기법

1. 색연필

사용하기 편리하며 크레용 타입 재료와 워터 타입이 있으며, 워터 타입은 물과 접목하여 효과를 볼 수 있다.

그림 4-1 색연필

그림 4-2 아쿠아(aqua) 색연필

그림 4-3 크레용(crayon) 색연필

그림 4-4 색연필, 레이스(lace), 스팽글(spangle)

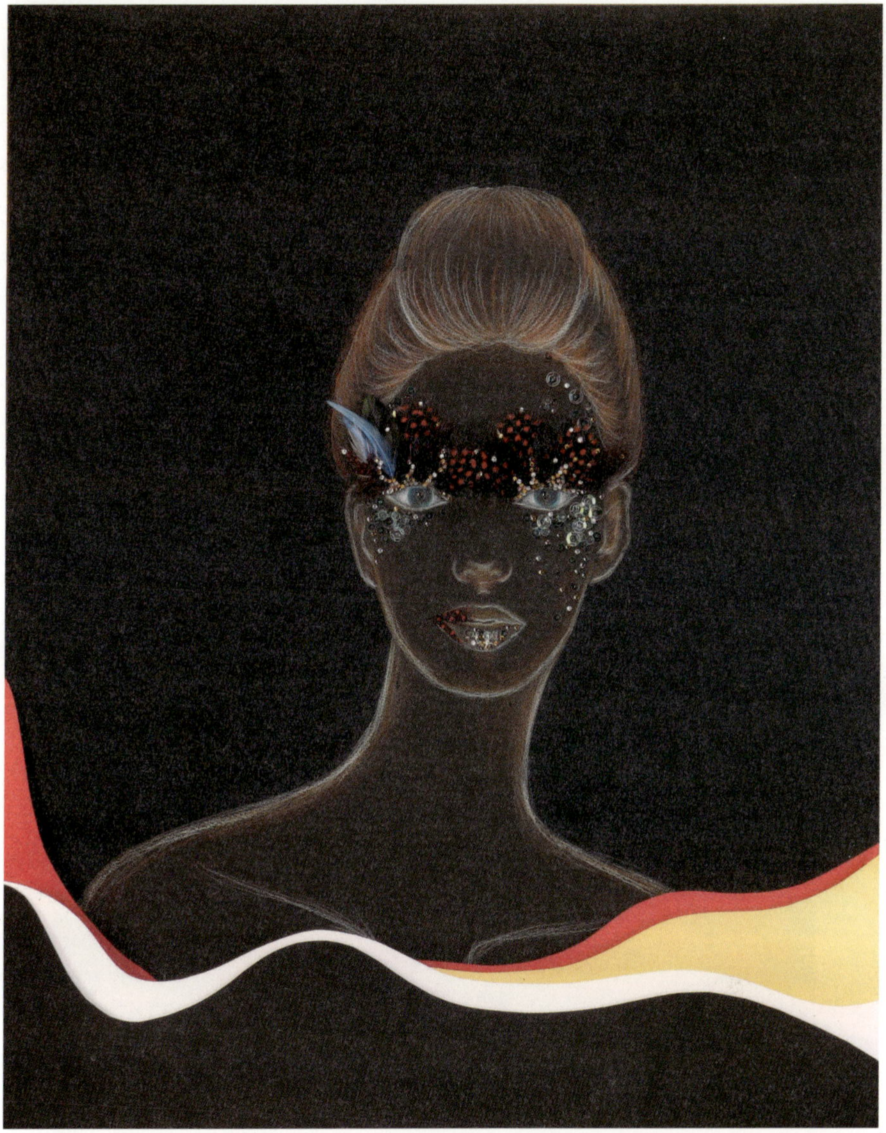

그림 4-5 색연필, 깃털, 스팽글

2. 수채화 물감

수채화는 물을 이용하여 그림을 그리므로 재료사용이 편리하여 가장 보편적인 채색 재료로 활용되며, 물의 농도에 따라 많은 효과를 볼 수 있다. 번지기의 효과를 얻기 위하여 물을 조절하여 사용하도록 하며, 수건이나 티슈 등에 브러시를 닦아 가면서 활용하면 좋다.

그림 4-6 수채물감

그림 4-7 수채물감 그림

그림 4-8 수채물감 그림

그림 4-9 수채물감 그림

그림 4-10 수채물감, 색상지 사용

그림 4-11 수채물감, 색상지, 깃털 사용

그림 4-12 수채물감, 포스터 컬러 그림

3. 포스터 컬러

포스터 컬러는 수채물감보다 번짐이 적고 두껍게 바를 수 있으며 깨끗하게 바를 수 있다. 포스터나 평면구성 등에 널리 활용된다.

그림 4-13 포스터 컬러

그림 4-14 수채물감, 포스터 컬러 그림

그림 4-15 수채물감, 포스터 컬러 그림

4. 아크릴 컬러

아크릴 컬러는 수채물감과 포스터 컬러처럼 물과 함께 사용하지만 마른 후는 물에 지워지지 않는다. 사용 후 바로 브러시는 물에 담그거나 씻어야 한다.

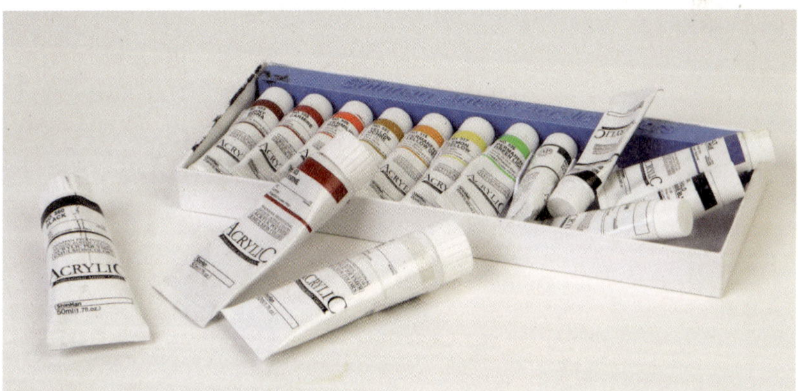

그림 4-16 아크릴 컬러

그림 4-17 아크릴 컬러, 동판, 머리카락 사용

5. 파스텔(pastel)

안료를 백점토(白粘土)에 섞어 막대 모양으로 굳힌 것으로, 입자가 작고 색채가 불투명하며 부드럽게 표현하고자 할 때 효과적이다.

그림 4-18 파스텔

그림 4-19 드가의 작품(라스텔화)

6. 목탄

그림을 그리는 데 쓰는 숯이다. 나무 밑동이나 오동나무, 버드나무 등을 쪄서 탄화시킨 것으로 목탄으로 그린 그림은 번지거나 지워질 수 있으므로 정착제(定着制)를 꼭 사용해야 한다. 공기를 차단하거나 아주 적게 하고 나무를 가열했을 때 생기는 고체의 물질로 일반적으로 재질(材質)이 단단한 나무가 사용되며 한국에서는 참나무류가 주로 사용된다.

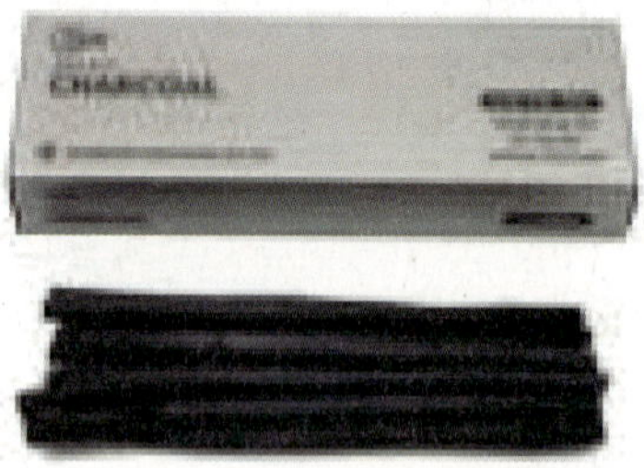

그림 4-20 목탄

그림 4-21 케테 콜비츠 (러시아, 목탄그림)

7. 펜

잉크를 사용하여 펜으로 그리는데 날카로운 효과와 세밀한 표현이 가능하다.

그림 4-22 펜

그림 4-23 이미경 구멍가게 (2014)

8. 수묵(水墨)

먹은 주로 한지나 장지 등 한국화의 재료로써 먹의 농담을 살려 효과를 얻을 수 있으며, 채색물감을 혼합하여 활용한다.

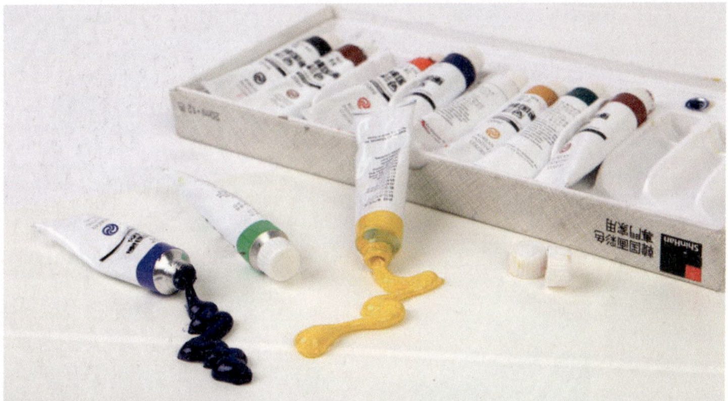

그림 4-24 채색물감

그림 4-25 문방사우

그림 4-26 인조 피스(piece), 색상지, 수묵, 채색화

그림 4-27 색동, 젯소(gesso), 수묵화

9. 에어브러시(airbrush)

에어브러시는 깨끗하고 그라데이션의 매끈한 효과를 얻고자 할 때 사용하면 좋다.

그림 4-28 에어브러시, 건, 컬러

그림 4-29 아트마스크, 아크릴 컬러 그림

그림 4-30 아트마스크, 아크릴 컬러 그림

그림 4-31 아트마스크, 아크릴 컬러, 오브제

10. 데칼코마니 (Decalcomanie)

어떤 무늬를 특수한 종이에 찍어 얇은 막을 이루게 만들고 나서 다른 표면에 옮기는 것으로, 인쇄기에 넣을 수 없는 물체에 장식을 하거나 상표를 붙일 때 널리 사용한다. 물감을 종이에 짜서 계획과 우연을 잘 활용하여 접어서 누르거나 밀면서 형태를 만든다.

그림 4-32 포스터 컬러, 아크릴 컬러, 네일 팁(nail tip)

그림 4-33 아트마스크, 아크릴 컬러 그림

11. 뿌리기

다양한 색상의 물감을 이용하여 계획된 디자인과 우연을 잘 활용하여 작품을 만든다.

그림 4-34 아트마스크, 아크릴 컬러, 철망 사용

12. 마블링 (marbling)

종이에 대리석 무늬를 만드는 기법이다.

그림 4-35 마블링 물감

그림 4-36 마블링 기법

그림 4-37 모형 손, 네일컬러

13. 태우기

종이, 천 등 다양한 소재를 태우거나 구멍을 내어 효과를 낸다.

그림 4-38 실, 종이, 네일 팁, 아크릴 컬러

14. 모자이크(mosaic)

여러 가지 빛깔의 돌, 색유리, 조가비, 타일, 나무, 종이 따위의 조각을 맞추어 그림을 그리는 기법이다.

그림 4-39 스페인 구엘공원 타일 디자인(tile design)

15. 페이퍼 웍(paper works)

종이로 볼륨을 만들어 가면서 표현한다.

그림 4-40 수채물감, 색상지 사용

16. 스텐실(stencil) 기법

원하는 그림을 투각하여 오려낸 후 그 위로 컬러를 입히거나, 투각한 문양을 붙여서 활용한다.

그림 4-41 아트마스크, 아크릴 컬러, 색상지 사용

17. 콜라주(collage)

콜라주는 질(質)이 다른 여러 가지 헝겊, 비닐, 타일, 나뭇조각, 종이, 상표 등을 붙여 화면을 구성하는 기법이다.

그림 4-42 한지, 아크릴 컬러 사용

그림 4-43 색연필, 젯소, 레이스, 헤어피스

그림 4-44 색연필, 레이스, 비즈, 깃털

18. 점묘법(點描法)

회화에서 화면을 색채의 작은 획이나 점으로 채움으로써 멀리서 보면 그것들이 한데 어우러져 있는 것처럼 보이게 하는 기법이다.

그림 4-45 쇠라의 그랑자트섬의 일요일 오후

그림 4-46 쇠라의 봄의 그랑드

19. 염색

재료에 맞는 염료를 사용하여 색을 입혀서 표현하고자 하는 분위기를 만든다.

그림 4-47 아트마스크, 염료, 거즈 아크릴 컬러 사용

그림 4-48 천연염색 (스카프)

Chapter 05

인체의 이해와 패션 일러스트레이션

1. 인체의 이해와 비례

1. 인체의 골격과 근육

인체를 드로잉하기 위해서 가장 먼저 필요한 것이 인체의 기본골격과 근육에 대한 이해이다.

우리 몸의 뼈는 206개로 두개골(29개), 척추(26개), 흉골(1개). 늑골(24개), 상지골(64개), 하지골(62개)로 구성되어 있는데, 이 골격과 근육의 움직임을 잘 표현하는 것이 인체 드로잉의 포인트라고 할 수 있다.

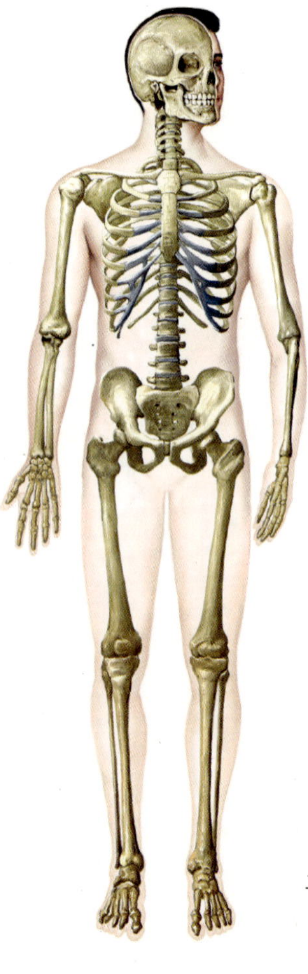

그림 5-1
인체 내부의 뼈의 구조

2. 인체 프로포션(proportion)

인체는 기본 8등신으로 되어 있지만 패션 일러스트레이션에서는 9등신 또는 많은 변형을 할 때는 10등신으로 그리기도 한다.

표현하고자 하는 인체를 단순화하기도 하고 추가 변형시키기도 하는 것을 데포메이션(deformation)이라고 하는데, 필요에 따라서 응용하면 된다.

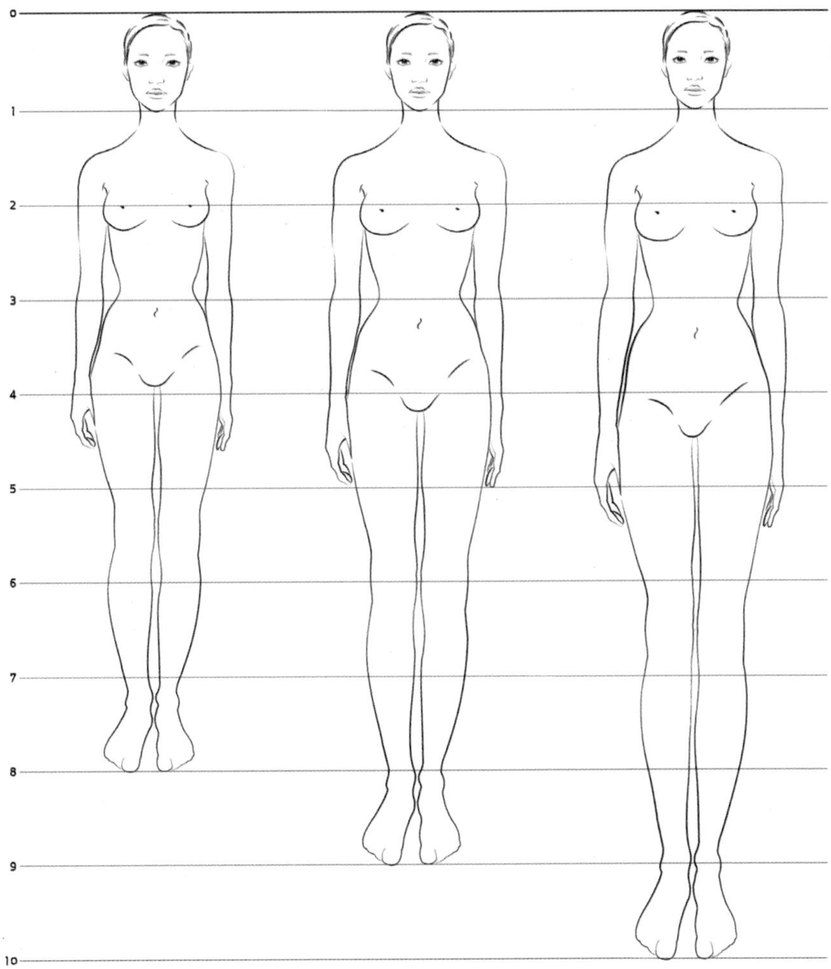

그림 5-2 인체의 비례

인체의 비례와 골격을 보면서 스케치하며 인체의 움직임을 이해한다.

그림 5-3 인체의 움직임

크로키(croquis)는 움직이고 있는 동물이나 사람의 형태를 짧은 시간 동안에 빠르게 그리는 것인데, 세부 묘사에 치우치지 않고 대상의 가장 중요한 성질이나 특징을 표현하는 데 역점을 둔다.

이영숙 (누드 크로키)

석창우 (누드 크로키)

조병제 (누드 크로키)

이연형 (크로키)

그림 5-4 크로키

2. 패션 일러스트레이션

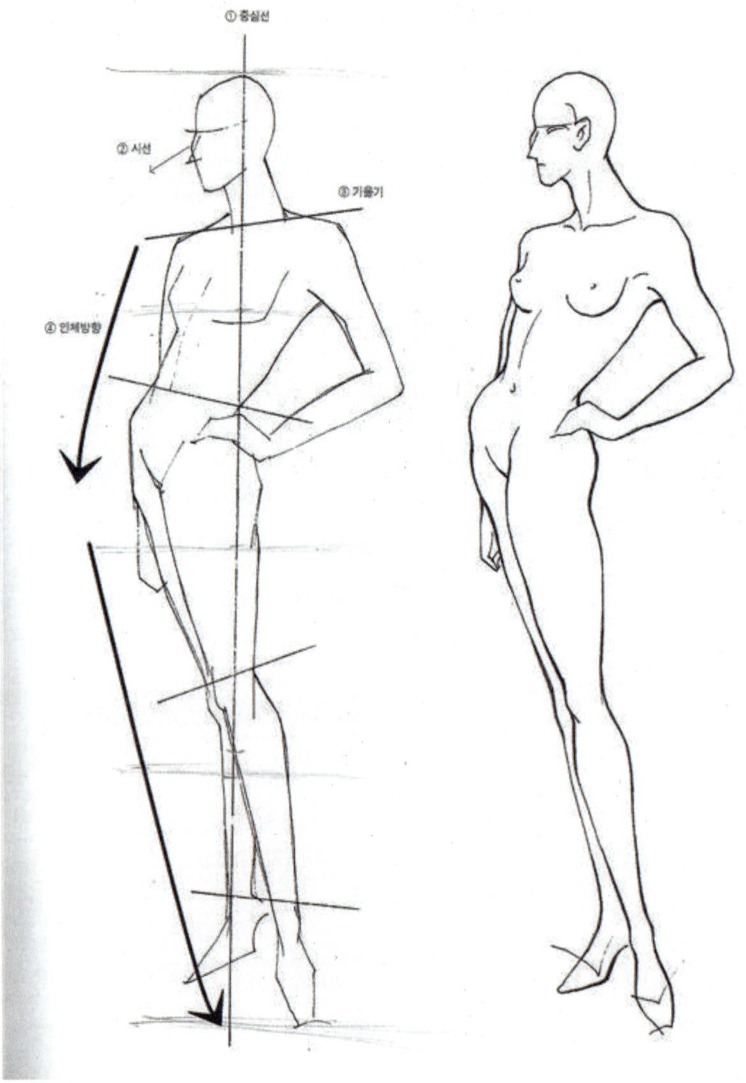

그림 5-5 인체의 비례

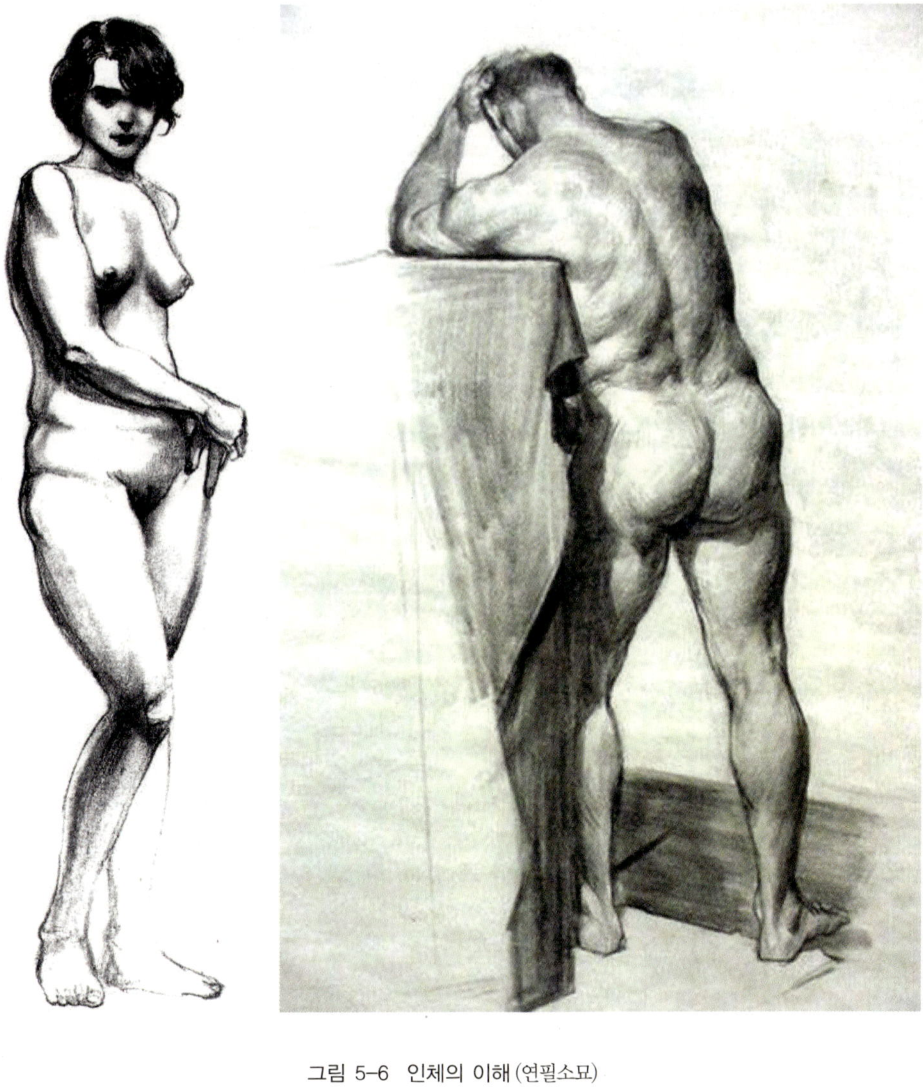

그림 5-6 인체의 이해 (연필소묘)

그림 5-7 오브제의 활용(한지)

그림 5-8 오브제의 활용(천)

3. 손발 드로잉

1. 손

손은 움직임이 많아 다양한 표현이 가능하므로 여러 가지 포즈에 따라 드로잉을 해보자. 포즈에 따라 손가락의 마디와 기울기를 잘 표현하는 것이 중요하다.

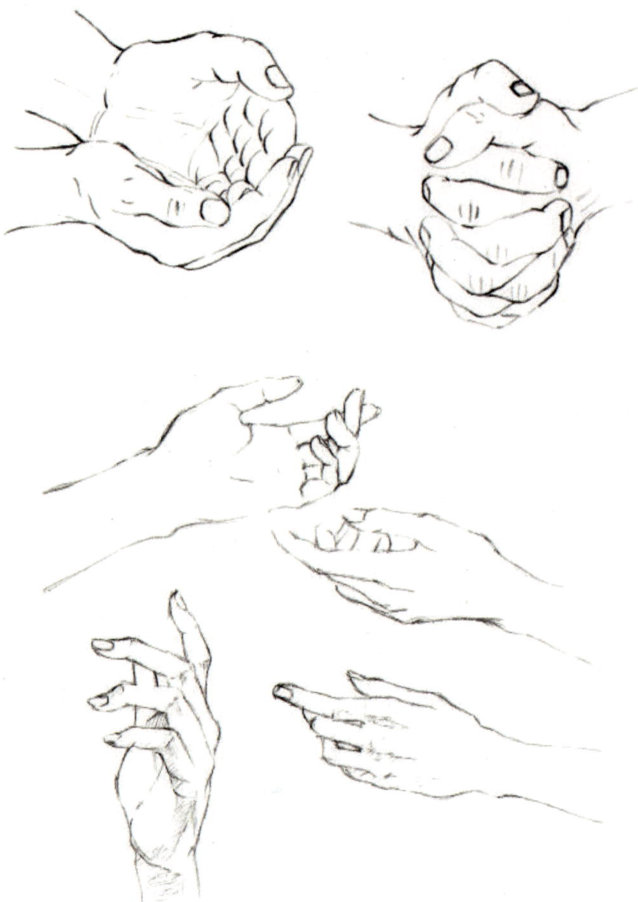

그림 5-9 손의 다양한 포즈(1)

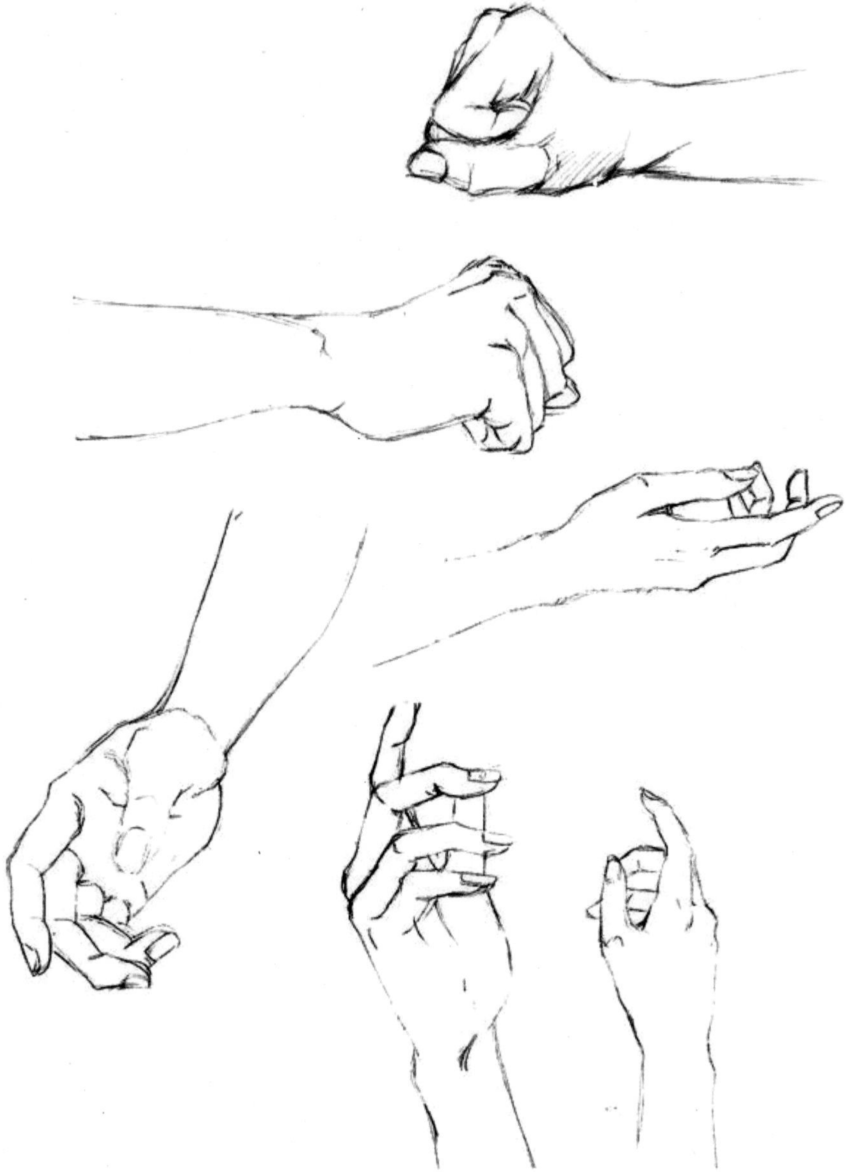

그림 5-10 손의 다양한 포즈(2)

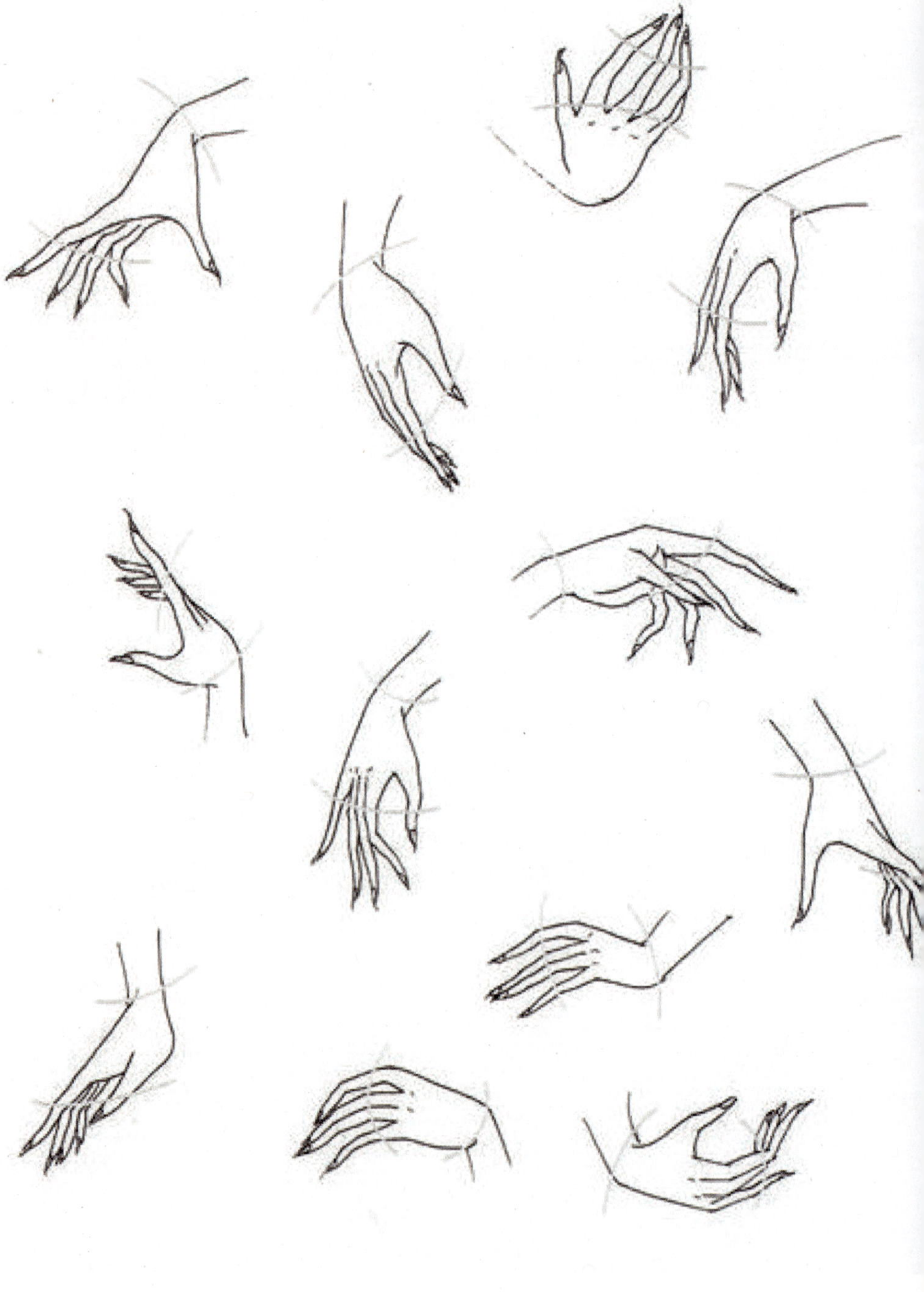

그림 5-11 손의 창의적 표현

2. 발

발의 여러 가지 포즈를 보고 드로잉을 해보자.

발의 구조는 간단하므로 다리의 기울기나 방향에 따라 발 형태를 그려준다. 발목, 복사뼈, 발등의 선을 잘 표현하도록 한다.

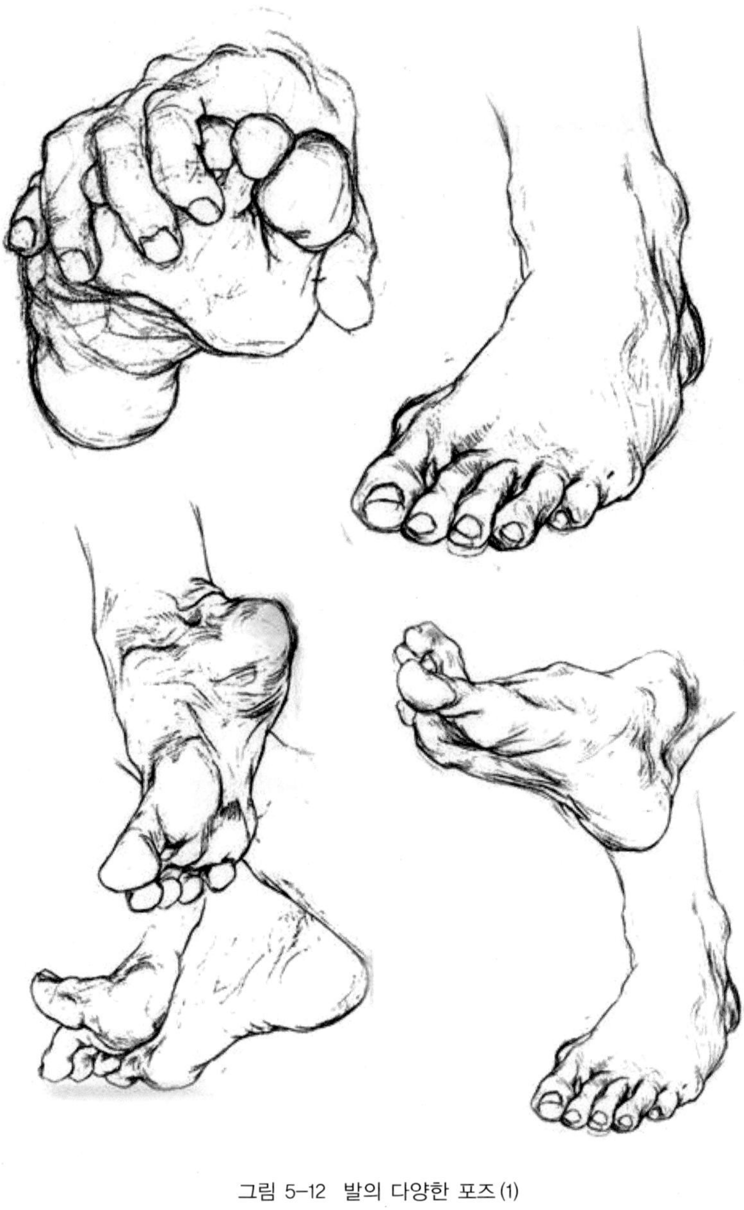

그림 5-12 발의 다양한 포즈(1)

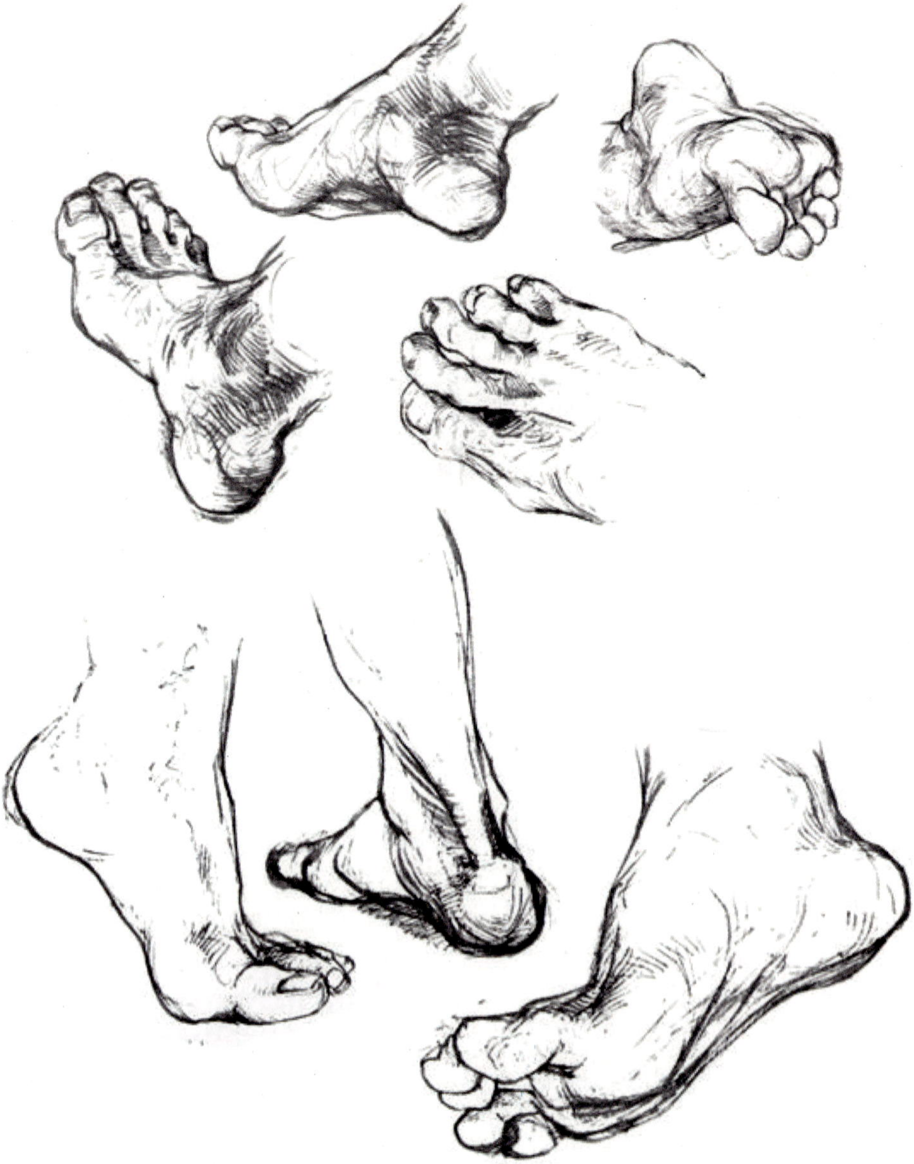

그림 5-13 발의 다양한 포즈(2)

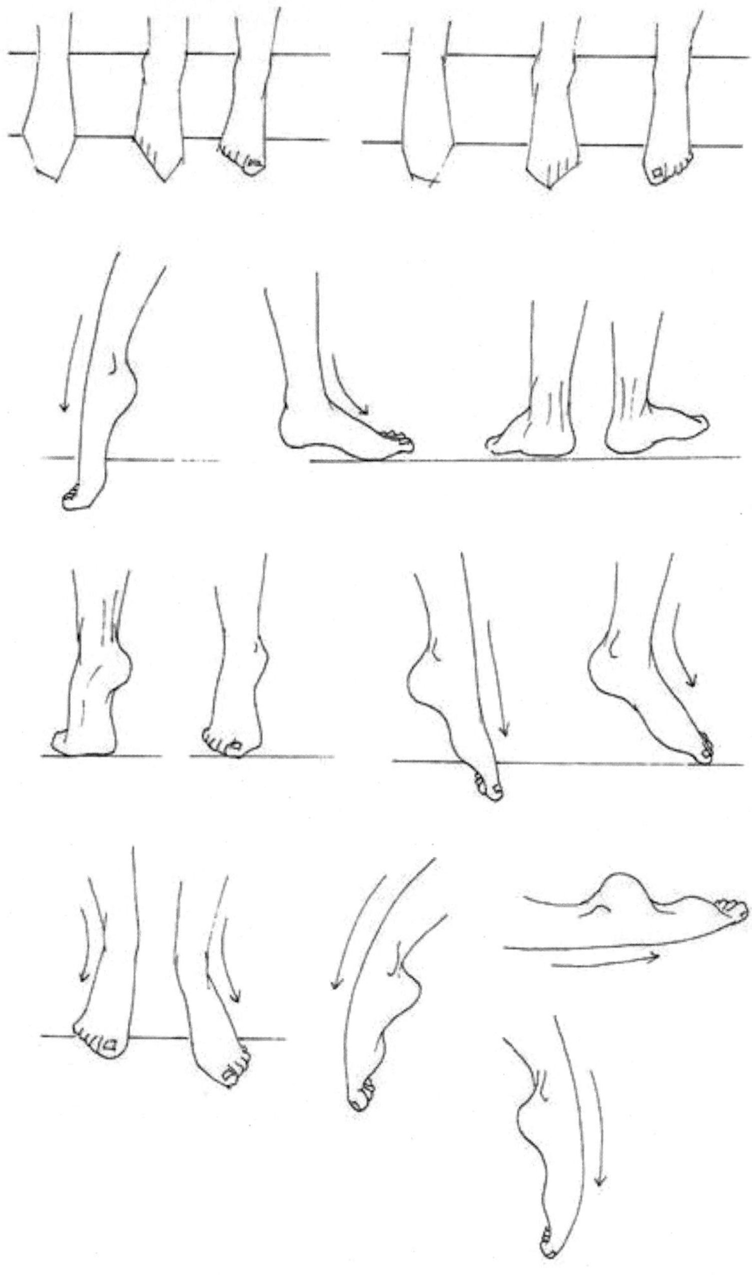

그림 5-14 발의 창의적 표현

Chapter 06

뷰티 크리에이티브 디자인

1. 네일
2. 패션타투와 디자인
3. 판타지아 메이크업
4. 바디페인팅

1. 네 일(nail)

손톱은 인체 전체의 부위 중 면적이 아주 작고 좁은 부위로 자연스러운 컬러와 디자인에서부터 아주 강하고 화려한 디자인에 이르기까지 다양한 표현을 할 수 있다.

가로 세로 형태를 보면서 통일감, 변화, 율동 등 계절과 트렌드를 고려하여 디자인한다.

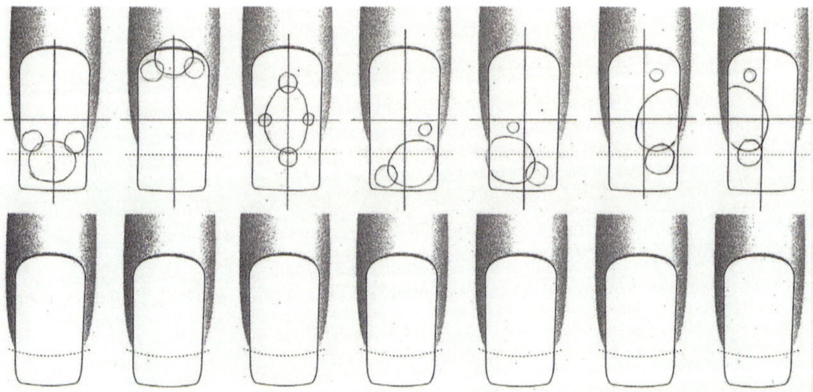

그림 6-1 구도의 이해

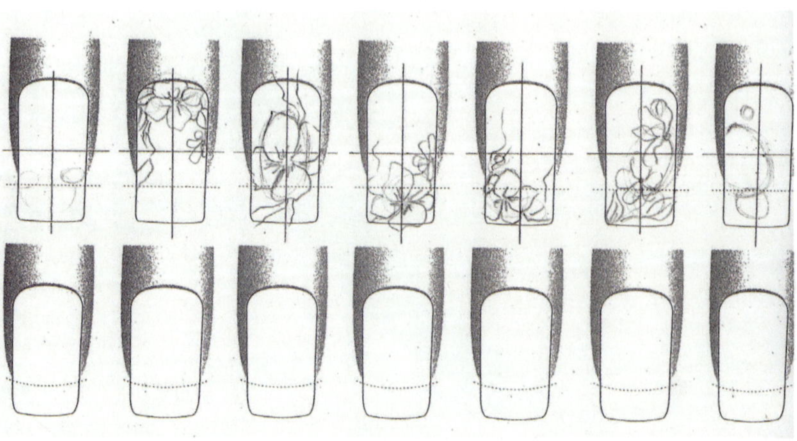

그림 6-2 패턴(pattern)의 이해

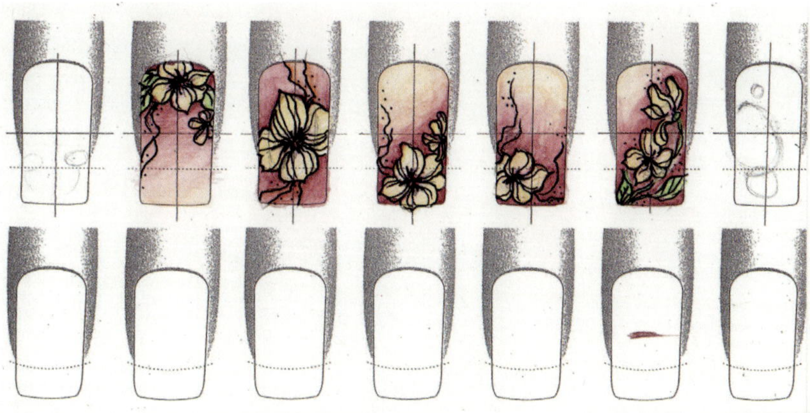

그림 6-3 패턴 - 꽃

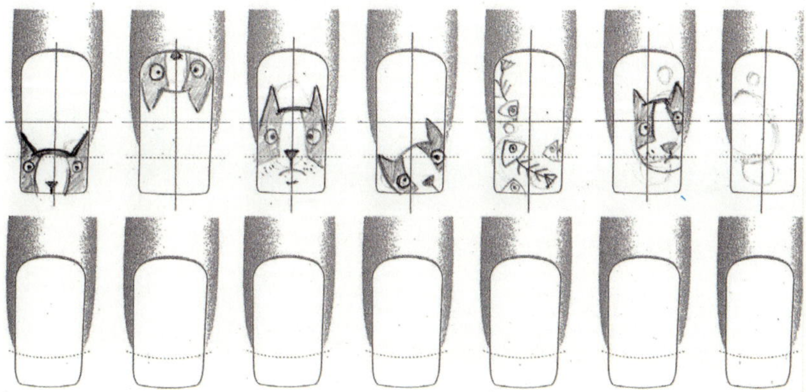

그림 6-4 패턴 - 강아지(1)

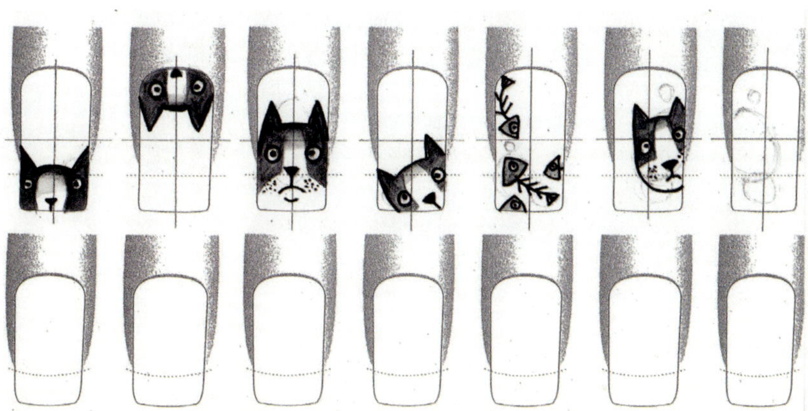

그림 6-4 패턴 - 강아지(2)

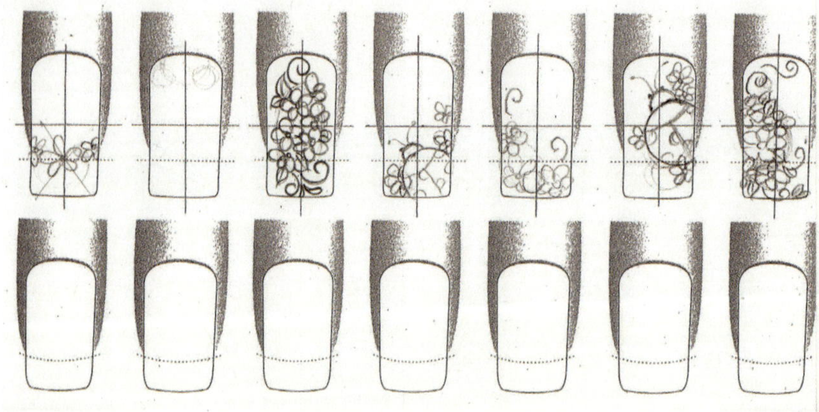

그림 6-5 패턴 – 무당벌레 (1)

그림 6-5 패턴 – 무당벌레 (2)

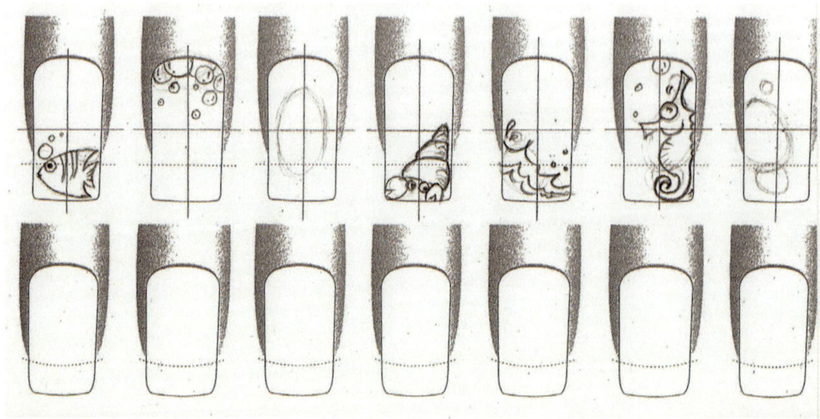

그림 6-6 패턴 – 바다 (1)

그림 6-6　패턴 – 바다 (2)

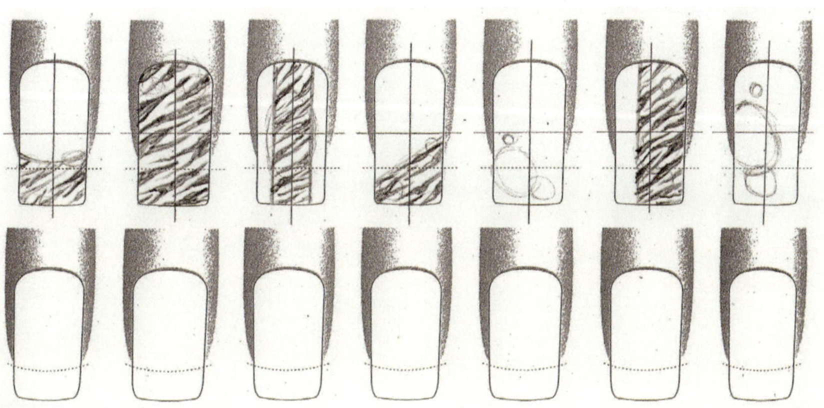

그림 6-7　패턴 – 지브라 (1)

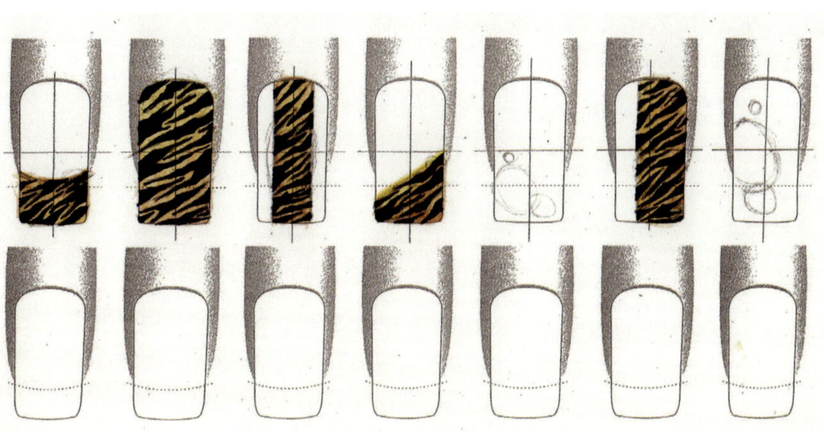

그림 6-7　패턴 – 지브라 (2)

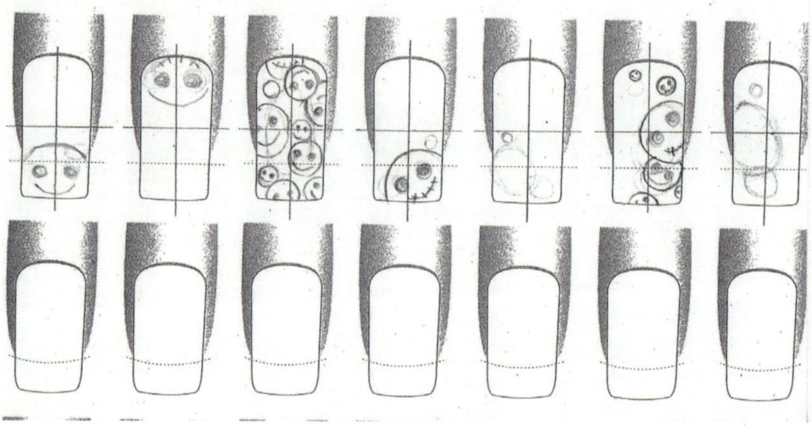

그림 6-8 패턴 – 해골 (1)

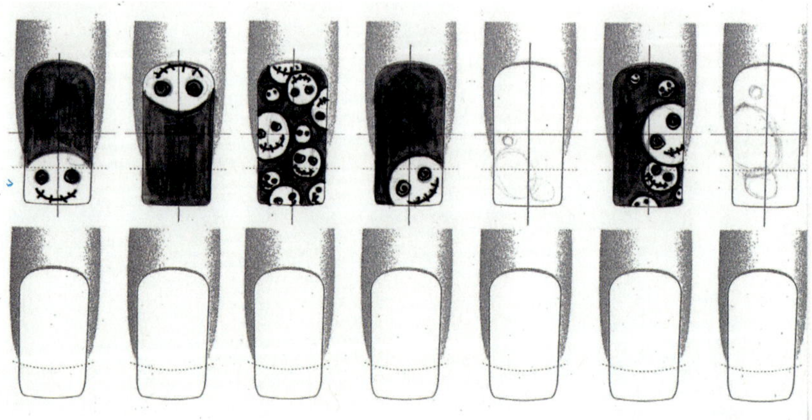

그림 6-8 패턴 – 해골 (2)

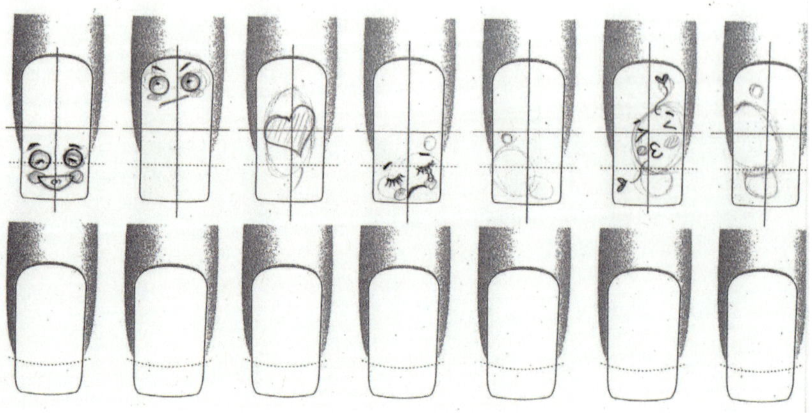

그림 6-9 패턴 – 희로애락 (1)

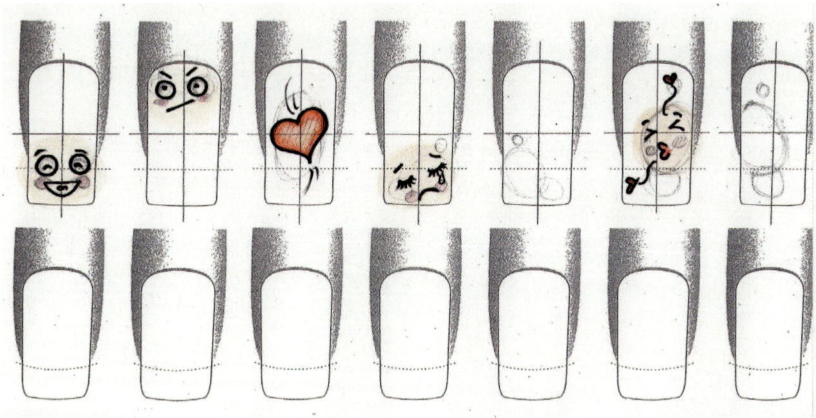

그림 6-9 패턴 – 희로애락 (2)

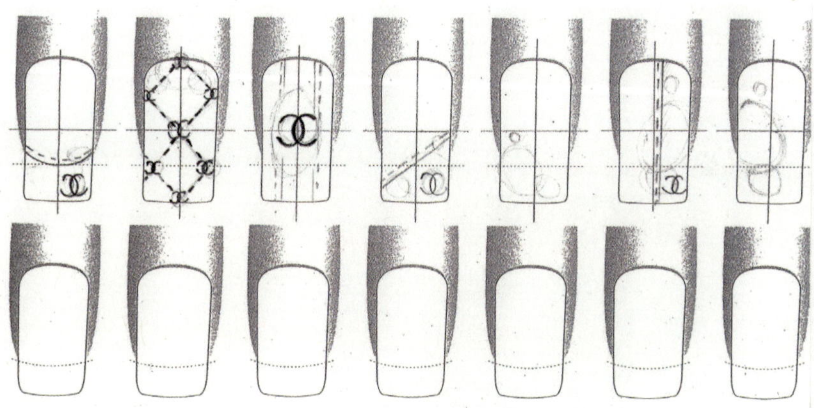

그림 6-10 패턴 – 문양 (1)

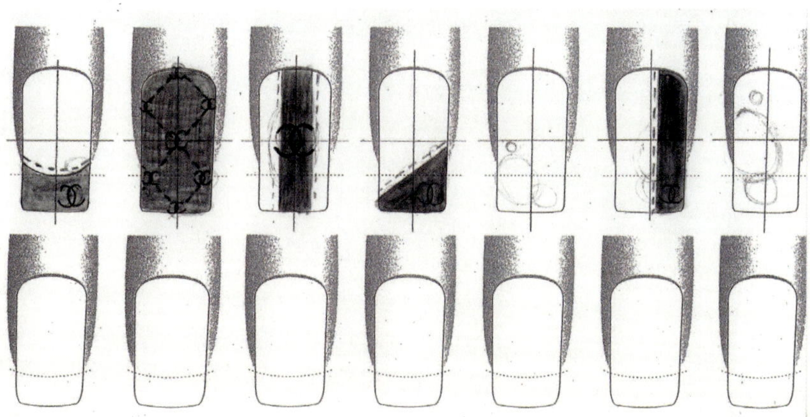

그림 6-10 패턴 – 문양 (2)

2. 패션타투와 디자인(fashion tatoo & design)

그림 6-11 패션 타투(fashion tatoo)

그림 6-12 웨딩 타투(wedding tatoo)

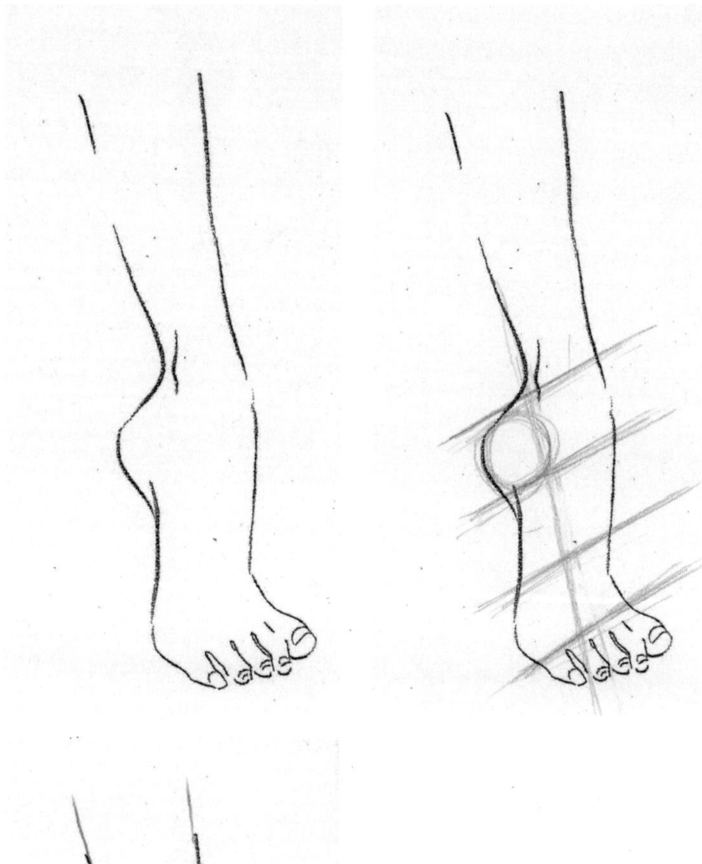

그림 6-13 문양 – 패턴(1)

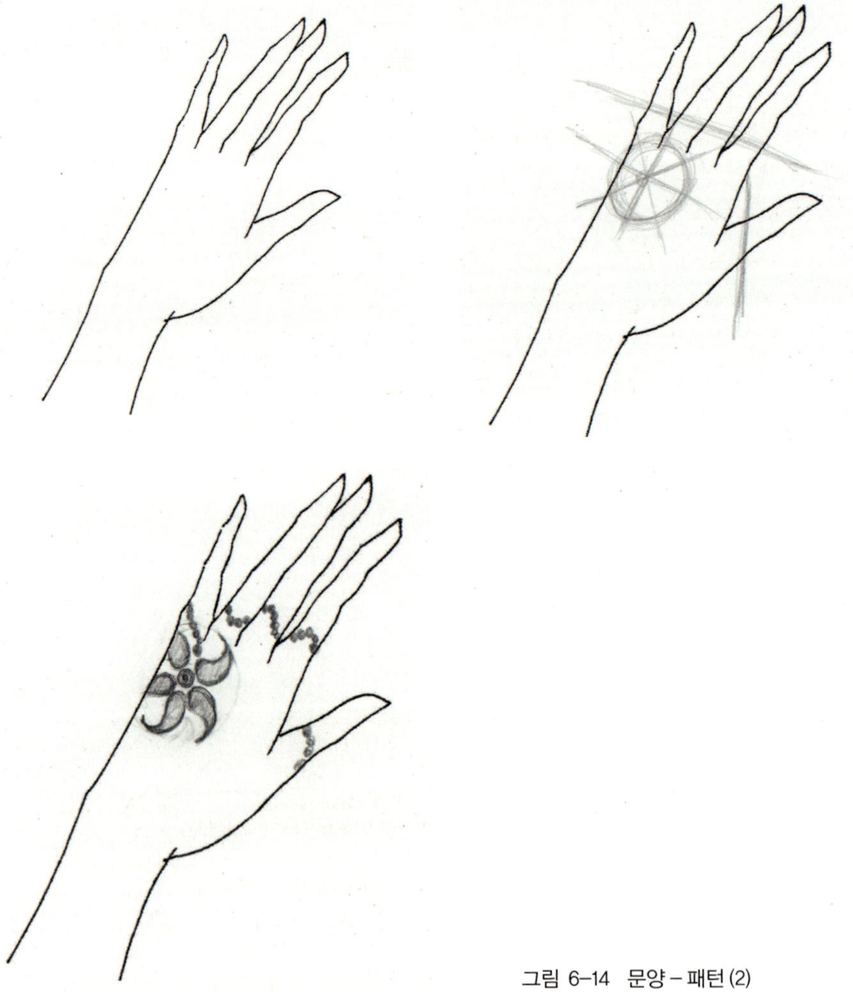

그림 6-14 문양 – 패턴 (2)

3. 판타지아 메이크업(fantasia make-up)

그림 6-15 판타지아(1)

그림 6-16 판타지아 (2)

4. 바디페인팅(body painting)

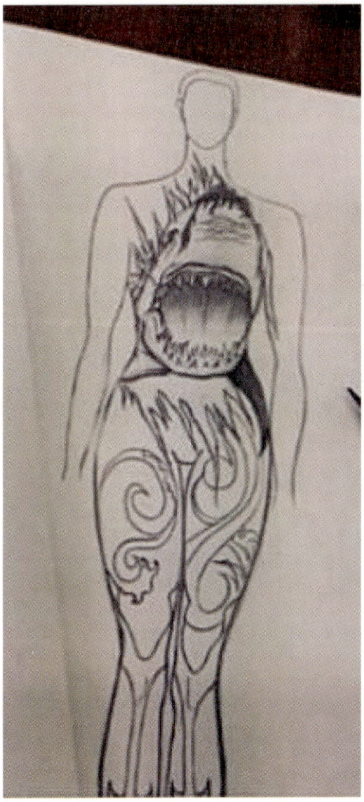

그림 6-17 스케치

그림 6-18 바디페인팅(아크릴 컬러)

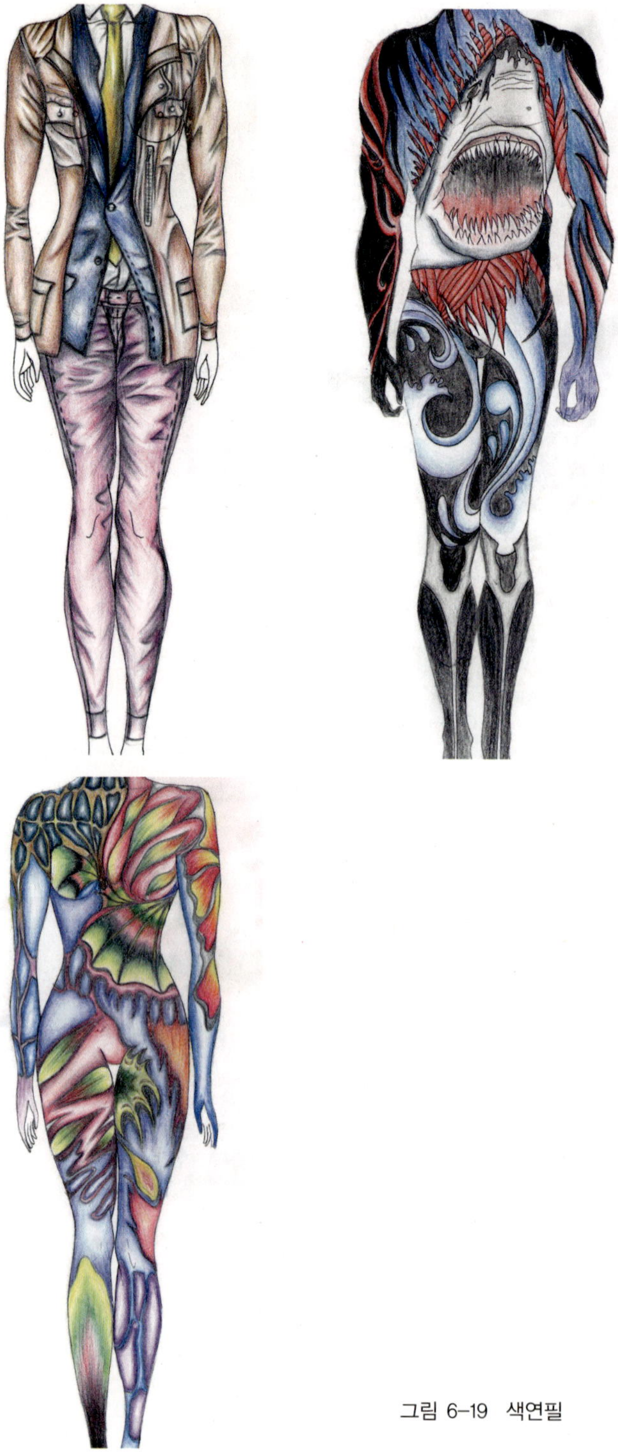

그림 6-19 색연필

Chapter 07

오브제를 활용한 뷰티 크리에이티브

1. 오브제(objet)의 활용
2. 작품 사례

1. 오브제(Objet)의 활용

오브제란 자연물이나 일상에서 쓰는 생활용품 따위를 원래의 기능이나 있어야 할 장소에서 분리하여 그대로 독립된 작품으로 제시함으로써 새로운 느낌을 일으키는 상징적 기능의 물체를 이르는 말로 뷰티 작품과 접목하여 재료로 활용되고 있다.

오브제는 일반적으로 물건, 물체, 객체 등의 이미지를 지닌 프랑스어로서 초현실주의에서는 이것을 전용, 독특한 표현 개념을 부여하여 구체적인 예술의 방법으로 삼았다.

아무런 관계가 없는 물건이나 그 부분을 본래의 일상적인 용도에서 떼 내어 절연함으로써 보는 사람에게 잠재된 욕망이나 환상을 불러일으키게 하는 상징적 기능의 물체나 의미를 말한다. 이러한 물체가 일단 오브제로 쓰이면 그 본래의 용도나 기능은 의미를 잃게 되고, 이 때까지 미처 체험하지 못했던 어떤 연상작용이나 기묘한 효과를 얻을 수 있게 된다.

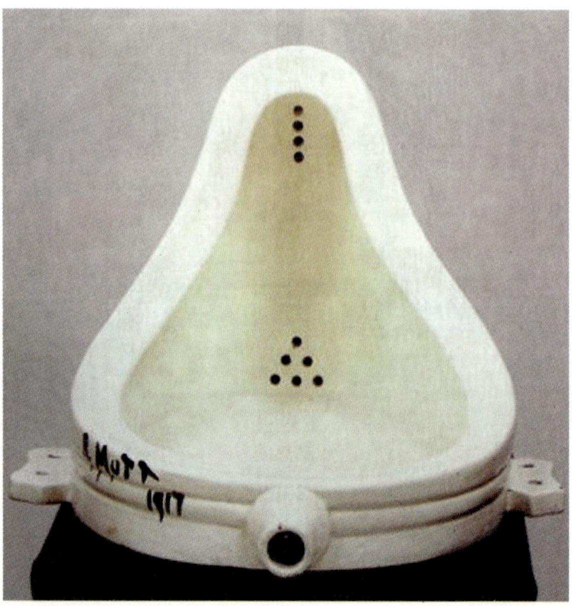

그림 7-1 마르셀 뒤샹, 샘

이 작품은 마르셀 뒤샹이 공장에서 막 만들어진 세라믹으로 된 변기에 본인의 사인을 해서 전시회에 출품한 것이다. 뒤샹은 있는 그대로 보지 않고 자신의 경험이나 생각을 통해서 사물을 보는 일반 사람들에게 충격을 주고 싶어서 변기에 사인을 하여 〈샘〉이라는 제목으로 출품을 하였다.

사람들은 대상을 그 자체로 보기보다는 전부터 가지고 있는 생각이나 관념으로 보기 때문에 깨끗한 변기를 보고도 더럽다고 생각하는데, 뒤샹의 의도는 사람들에게 바로 이 사실을 미술 작품으로 알려 주기 위해 변기를 활용한 것으로 해석된다.

2. 작품 사례

그림 7-2 수채물감, 색상지

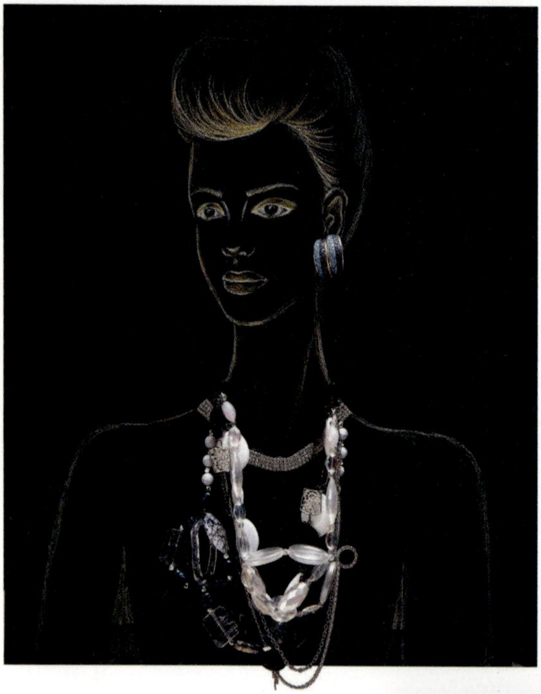

그림 7-3 색연필, 색상지, 액세서리

그림 7-4 색연필, 레이스, 액세서리, 헤어피스, 깃털

그림 7-5 색연필, 헤어피스, 유리

그림 7-6 색연필, 헤어, 레이스, 조화

그림 7-7 색연필, 깃털, 천, 레이스

그림 7-8 색연필, 레이스, 비즈

그림 7-9 색연필, 색상지, 헤어피스, 레이스

그림 7-10 색연필, 레이스, 헤어피스

그림 7-11 천, 실, 액세서리

그림 7-12 색연필, 비즈, 깃털, 실

그림 7-13 자개, 먹

그림 7-14 아크릴 컬러, 헤어피스, 한지, 깃털

참고문헌

- 김성민, "패션일러스트레이션 컬러링기법", 이즘, 1996.
- 김호영, 장호철 공저, "정밀묘사", 재원출판사, 1994.
- 박혜미, 하미희, "패션 일러스트레이션", 한올출판사, 2003.
- 신항식, "일러스트레이션의 언어 기호학적 접근과 정의", 한국일러스트레이션학회, Vol.38, No.2014.
- 보그코리아, 2015, 2월호, No.223.
- 창신대학교 미용예술학과 졸업작품집
- Robert Beverly Hale, 이두식 · 이승신 옮김, "인체해부드로잉". 지구문화사. 2011.

찾아보기

뷰티 일러스트레이션

2015년 2월 25일 초판 인쇄
2015년 3월 1일 초판 발행

저 자 우미옥/김수희/김미영/김은희
류세자/박선주/손호은/정철순

발행인 주 병 오

발행처 메디시인

경기도 파주시 회동길 209
파주출판문화정보산업단지

영업팀 (031)955－7566 · 7577
편집디자인팀 (031)955－7731
F A X (031)955－7730
홈페이지 www.ji-gu.co.kr
전자우편 jigupub@hanmail.net

값 18,000원

Mucha

Mucha